U0701820

新农村建设丛书

禽类孵化技术

于　维　高国臣　赵岭乐　主编

吉林出版集团股份有限公司

吉林科学技术出版社

图书在版编目（CIP）数据

禽类孵化技术 / 于维等编 . 一

长春：吉林出版集团股份有限公司，2007.10（2025.1 重印）

（新农村建设丛书）

ISBN 978-7-80720-872-3

Ⅰ . ①禽… Ⅱ . ①于… Ⅲ . ①家禽 - 孵化 - 基本知识 Ⅳ . ①S831.3

中国版本图书馆 CIP 数据核字（2007）第 163968 号

禽类孵化技术
QINLEI FUHUA JISHU

主　编　于　维　高国臣　赵岭乐
责任编辑　黄　群　付一桐
开　本　850mm×1168mm　1/32
字　数　102 千
印　张　4.25
版　次　2007 年 10 月第 1 版
印　次　2025 年 1 月第 23 次印刷
印　刷　三河市元兴印务有限公司

出　版　吉林出版集团股份有限公司
　　　　吉林科学技术出版社
发　行　吉林出版集团股份有限公司
社　址　吉林省长春市福祉大路 5788 号
邮　编　130000
电　话　0431-81629968
电子邮箱　11915286@qq.com
书　号　ISBN 978-7-80720-872-3
定　价　24.00 元

版权所有　翻印必究

AI实践导师
7*24小时在线 带你学习实用知识

在线阅读
AI电子书 随时随地查阅

技术讲解
视频在线看 轻松掌握技巧

惠农指南
政策细解读 助力高效发展

"码"上开启 致富之路——

长本事 换脑筋
多挣钱 少吃亏

出版说明

　　《新农村建设丛书》是一套针对"农家书屋""阳光工程""春风工程"专门编写的丛书,是吉林出版集团组织多家科研院所及千余位农业专家和涉农学科学者倾力打造的精品工程。

　　丛书内容编写突出科学性、实用性和通俗性,开本、装帧、定价强调适合农村特点,做到让农民买得起,看得懂,用得上。希望本书能够成为一套社会主义新农村建设的指导用书,成为一套指导农民增产增收、提高自身文化素质、更新观念的学习资料,成为农民的良师益友。

扫码解锁
○AI实践导师 ○在线阅读
○技术指导 ○政策解读

目　录

扫码解锁
○AI实践导师 ○在线阅读
○技术指导 ○政策解读

第一章 概　　述

第一节　禽类孵化技术的发展概况

孵化是禽类种族延续的关键阶段。孵化是指受精蛋在外因条件作用下，经过一定时间孵出小雏的过程。原始的孵化是禽类产一定数量的蛋后，各自用自己的体温进行孵化，俗称抱窝。这种孵化是一种单纯的种族延续。禽类在被人工驯养之后，为了满足人类的生活需要，人们把禽蛋集在一起，几十枚一起进行孵化，这种孵化大部分是选用抱窝的鸡来完成这项任务。后来由于饲养量的逐渐扩大，人们开始研究更大批量地孵化，这时每批可孵化几百乃至上千枚禽蛋，大部分是用火炕、电褥子、暖水袋等进行孵化。随着科学的发展，孵化也在不断地改进，到 20 世纪 80 年代已开始采用机器孵化，这时每批孵蛋可达几万枚，而且都是自动控制。不仅大大地节省了劳动力，同时也提高了孵化率和出雏率，充分保证了集约化饲养的需求，大大地满足了人们的生活需要。

第二节　国内外孵化机的改进

一、国内孵化机生产概况

随着我国家禽业的迅猛发展，孵化机生产也迅速发展，从 20 世纪 70 年代以前的小规模、传统孵化法，到 80 年代初小型现代孵化机，发展到 80 年代末的大中型孵化机，以及巷道式孵化机，而且控制系统也越来越先进。根据我国种鸡场、商品鸡场的规模和孵化机生产的现状，孵化机的发展方向应是孵化机的容量大中小型并举，同时为了节约能源和解决无电地区孵化问题，研制利用太阳能、地热、沼气孵化机。我国一些单位和地区，如福建农科院、江西崇仁农业局、天津里自沽农场、河北省雄州、四川宜宾县等都已作了有益的尝试，均取得了较好的效果。

二、国外孵化机生产概况

在国外，主要是欧洲国家，以及美、日等国家，随着 20 世纪 60 年代中期肉用鸡的发展，大中型孵化机迅速发展，并且向自动化、标准化、配套化方向发展。随着孵化机容量的增加及对胚胎发育生理的不断研究，要求孵化机控制器的控制精度越来越高。国外孵化机生产厂家尽量运用现代技术和新的元器件对孵化控制器进行了一系列的重大改革；感温元件使用水银电接点温度计和铂电阻集成感温元件；感湿元件使用湿敏电容（或电阻）；继电器使用可控硅固态继电器；控制部分用微机控制温湿度、通风换气和翻蛋等。增加多点温湿度的数字显示和自动打印记录装置。

大型孵化厂使用电脑集成控制系统，可提供标准的串行通信口，用 20 毫安的电流环方式与 PC 机联网，形成主从式群控系统，由 PC 机对每台孵化机的运行状态进行巡回监视，还可以通过键盘操作，对任意一台孵化机的孵化因素进行设定，在中心控制室中，每台计算功能控制 100 台孵化机。大大简化了日常孵化的操作管理，并装有报警和翻蛋次数的数字显示装置，完善了孵化厂的配套设备，大大提高了工作效率。

扫码解锁

○AI实践导师○在线阅读
○技术指导○政策解读

第二章　孵化的基础知识

第一节　鸡的繁殖生理

一、母鸡的生殖生理

母鸡的生殖器官由卵巢和输卵管组成。

（一）卵巢

只有左侧的卵巢和输卵管发育，右侧的已退化。

性成熟的母鸡卵巢内有发育时间不同、大小不等的卵细胞，使整个卵巢呈葡萄串状。卵巢除产生卵细胞外，还产生雌性激素。

（二）输卵管

从形态上分漏斗部、蛋白分泌部、峡部、子宫部和阴道部。

1. 漏斗部　也叫喇叭部或伞部，它的作用是接纳卵巢排出的卵子，并在此与精子结合而受精。漏斗部也是贮存精子的主要场所之一，当漏斗部功能失调，其活动与卵巢排卵不协调时，卵子就会落入腹腔不能形成正常的鸡蛋。

2. 蛋白分泌部　也叫膨大部，顾名思义是分泌蛋白的地方，全部卵蛋白在此形成。

3. 峡部　也叫管腰部，此处形成蛋的内壳膜和外壳膜，同时补充蛋白的水分，软壳蛋在此初步形成。峡部长度8～10厘米。

4. 子宫部　蛋白重量在此处进一步增加，蛋壳在此形成。在整个蛋的形成过程中，蛋在子宫部停留的时间最长，约需19小时。蛋壳着色也在子宫内形成。子宫长度为10～12厘米。

5. 阴道部　蛋经过此处时包上一层保护性胶膜，也是公母鸡交配时接纳精液和贮存精液的地方。蛋在阴道内停留时间较短，10分钟左右就会产出体外。阴道部长度为8～12厘米。

二、鸡蛋的形成

（一）蛋白的形成

成熟的卵黄排出便落入输卵管的漏斗部，此时如与输卵管的精子相遇，在15～18分钟便发生受精作用。漏斗的颈部具有管状腺，它能分泌蛋白，当卵黄在输卵管内旋转前进至膨大部时，由于机械的旋转，而形成系带、系带层浓蛋白和内稀蛋白。

（二）蛋壳膜的形成

蛋壳膜分为内外两层，当卵通过峡部时首先形成内壳膜；外壳膜以乳头突与蛋壳相连。两层壳膜在蛋的钝端分开，形成气室。壳膜为纤维蛋白质组成，它是半透性膜，水和晶体物可通过。作为蛋的屏障，能防止微生物入侵和蛋内水分迅速蒸发。蛋通过峡部时间约为80分钟。

（三）蛋壳形成

卵沿峡部进入子宫。子宫实际上就是蛋壳腺，蛋在此停留约18～20小时。蛋进入子宫后，首先渗入水和盐分，而形成外稀蛋白。

蛋壳中的钙来源于饲料和鸡体的某些骨骼。大部分钙是直接来自饲料，其余部分来自体内贮备的钙。

蛋壳中沉积的碳酸钙，是由血液中提供钙离子和碳酸根离子组成，碳酸根离子也有一部分是来自蛋壳腺。所以，减少血液中这两种离子供应，都会使碳酸钙不能充分沉积，而造成劣质蛋壳。高温环境容易引起劣质蛋壳，就是因为血液中碳酸根离子的供应减少。

（四）气孔、蛋壳颜色和壳胶膜

1. 气孔　气孔形成是由于碳酸沉积成柱状的方解石结晶、柱状结晶、没有完全同时增大，留下的一些间隙，间隙垂直通过整个蛋壳，这就形成气孔。空气通过气孔向蛋内提供氧并排出二氧化碳。

2. 蛋壳颜色　褐壳蛋上沉积的棕色素在产蛋前 5 小时形成。棕色素卟啉是在蛋壳腺中由 δ—氨基己酰丙酸合成。对一只母鸡来说，蛋壳颜色深浅是比较固定的，并且有遗传性，通过选择可使蛋壳颜色一致。

3. 壳胶膜　也称为壳上膜，由蛋壳腺分泌的有机物构成，是蛋壳最后的一层很薄的角质层，它在产蛋时起润滑作用，产蛋后一瞬间便干燥，封闭气孔，防止水分蒸发及细菌侵入。

三、公鸡的生殖生理

主要由睾丸、附睾、输精管和阴茎突起组成。

（一）睾丸

位于腹腔的前顶部，左右各一个。左边略比右边大，形态如蚕豆，由大量长而弯曲的精细管组成。精子就是由精细管内层释放出来。睾丸除产生精子外，还分泌雄性激素睾酮。

（二）附睾

附睾不发达，位于睾丸的背侧面上，精子进入附睾尚未成熟。精子也可以不经过附睾，沿着小管束直接由睾丸进入输精管。

（三）输精管

为细长的曲管，精子在输精管内贮存并成熟。精子从产生到成熟需 12～27 天。

（四）阴茎突起

公鸡没有交配器官，只有一个退化了的阴茎突起，它位于泄殖腔的复侧。阴茎突起在交配时不能插入母鸡阴道，因此，交配动作极为短暂。

第二节　鸡的人工授精技术

一、采精技术

（一）采精前的准备

1. 公鸡的选择　在配种前 2～3 周内，选留健康、体重达标、发育良好、腹部柔软、按摩时有肛门外翻、交配器勃起等性反射的公鸡。

2. 训练　配种前2～3周内，开始训练公鸡采精，每天1次，或隔天1次，一旦训练成功，则应坚持隔天采精，经3～4次训练，大部分公鸡都能采到精液。

3. 预防精液污染　在开始训练公鸡之前，将其泄殖腔外围的1厘米左右的羽毛剪除。采精当天，须公鸡于采精前3～4小时禁食，以防排粪、尿。所有人工采精用具，应清洗、消毒、烘干。一般的烘箱就可以。如果无烘干设备，用具清洗干净后，用蒸馏水煮沸消毒，再用生理盐水冲洗2～3次方可使用。

（二）采精

采精时必须加以按摩动作，按摩包括背部按摩和腹部按摩。采精操作一般由两人完成，一人保定公鸡，一人按摩与收集精液。

1. 保定公鸡　现在常用的方法是保定员将公鸡从笼内拖出，固定两腿并将公鸡胸部贴于笼门处，这种方法速度快，但长期采用有害于公鸡健康，影响性反射，特别不宜用于肉用型公鸡。第二种是保定员用双手各握住公鸡一条腿，自然分开，使公鸡头部向后，夹在腋下。第三种方法是用特制的采精台保定，台面垫泡沫塑料再覆盖胶布，易于清洗，保定员将公鸡置于台上，用右手握住双腿，左手握住两翅基部。

2. 按摩与收集精液　操作者右手的食指与中指间夹着集精杯，杯口朝外。左手掌向下，贴于公鸡背部，并使拇指与食指分开，跨捏于泄殖腔上缘两侧，与此同时，右手呈虎口状紧贴于泄殖腔下缘腹部两侧，轻轻抖动触摸，当公鸡露出交配器时，左手拇指与食指做适当挤压，精液即流出，右手便可用集精杯承接精液。

3. 注意事项　不粗暴对待公鸡，环境要安静，不污染精液。采精按摩时间不宜过久，捏压动作不应用力过大，否则引起公鸡排粪、尿，透明液增多，或损伤黏膜而出血，从而污染精液。采到的精液应立刻置于25℃～30℃水温的保温瓶内，并于采精后30分钟内使用完毕。

（三）采精次数

鸡的精液量和精子密度，随射精次数增多而减少，公鸡经连续射精3～4次之后，精液中几乎找不到精子。公鸡经过48小时的性休息之后，精液量和精子密度都能恢复到最好水平；休息6天后，其精液量与每天采精1次的量相等。据此，我们建议采用隔日采精制度。若配种任务大，也可以在1周之内连续采精5天休息2天，但应注意公鸡的营养状况和体重变化。

二、输精技术

（一）输精时间

掌握最佳的输精时间，是获得高受精率的必要条件，前面已述，蛋在子宫内停留时间有19小时之久。如果蛋在子宫内时输精，必然阻止精子向输卵管上部运动，漏斗部没有足够数量的精子，就会影响受精，因此，当蛋未进入子宫之前输精效果最好，只有当全部母鸡产完蛋以后输精才有可能获得最好的受精率，所以，在生产中母鸡人工输精放在下午3点以后，直到晚上7～8点为止。这时输精，可以获得高受精率。

（二）输精技术

输精时起码两人配合，一人抓鸡翻肛，一人输入精液。两人抓鸡翻肛，输精者可以不停地左右输精，为最佳组合。输精的操作技术如下：负责翻肛的人员，用左（或右）手把母鸡双腿抓紧，把母鸡拉到笼门口，另一只手拇指和食指分开呈八字紧贴母鸡肛门上下方。使劲向外张开肛门并用拇指挤压腹部，在这两种作用力下，母鸡产生腹压，肛门自然会向外翻出。注意，抓鸡腿的手，一定要把双腿并拢抓住飞节上部，母鸡在公鸡交配动作刺激下，肛门外翻至多是阴道外露接受射进的精液。在阴道子宫部进行浅部输精，基本上与公鸡自由交配时的情况相仿。在生产实际中进行人工授精，给母鸡翻肛输精时，是将阴道翻出，以看到阴道口与排粪口时为度，用输精管吸取 0.025 毫升的精液，然后将输精管插入 1.5 厘米左右也就是阴道与子宫的连接部位，就可输精了，这样保证不会有碰伤输卵管而影响受精率的现象发生。

第三章 孵化厂的建筑

第一节 孵化厂的工艺流程

一、工艺流程

孵化厂的工艺流程，必须严格遵循"种蛋→种蛋消毒→种蛋贮存→种蛋处置（分级、码盘等）→孵化→移盘→出雏→雏鸡处置（分级、鉴别、预防接种等）→雏鸡存放→雏鸡"的单向流程不得逆转的原则（图3－1）。

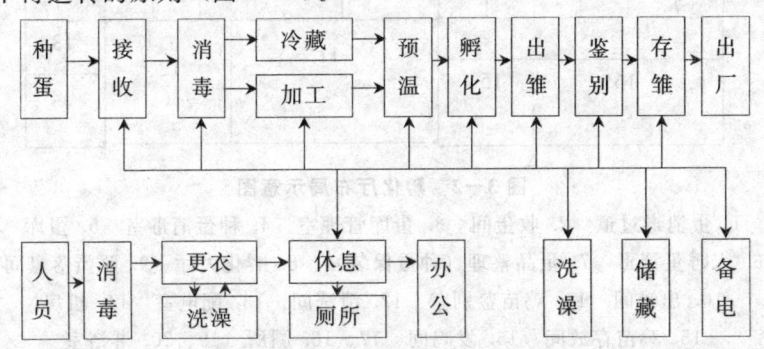

图3－1 孵化厂生产工艺流程示意图

目前，有的厂孵化室与出雏室仅一门之隔，门又不密封，出雏室空气污染孵化室，尤其出雏时将出雏车、出雏盘移出孵化室，造成严重污染。

二、孵化大厅布局

现代孵化厂由下列各部门组成：种蛋接收室、种蛋处理室、消毒室、蛋库、孵化室、出雏室、鸡雏室（包括鉴别室、免疫室、存放室)、洗涤室、贮藏工具室、中央控制室、电工间(包括发电机房)以及工作人员消毒室、洗涤室、更衣室、休息室、办公室、厕所等。这些部门一般大型独立式孵化厂都应设立,对一般孵化厂而言,是否全部设立应根据实际需要而定。其基本布局见图3-2。

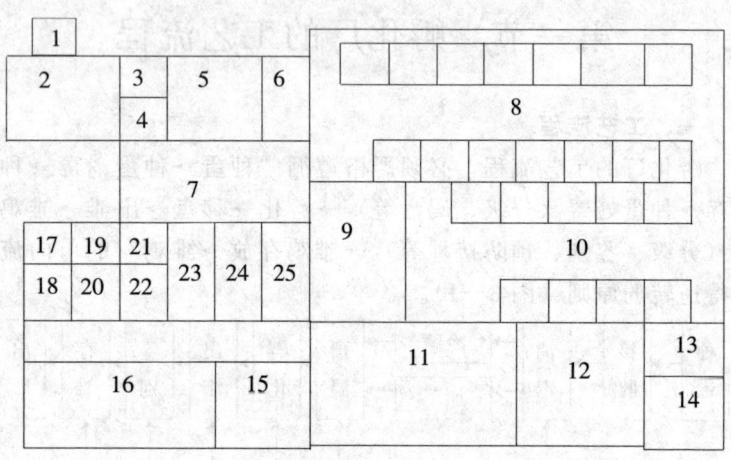

图3-2　孵化厅布局示意图

1. 蛋消毒过道　2. 收蛋间　3. 蛋库管理室　4. 种蛋消毒室　5. 蛋库
6. 入孵蛋消毒　7. 蛋品整理(种蛋保装)　8. 孵化大厅　9. 照蛋落盘间
10. 出雏间　11. 鸡苗鉴别室　12. 清洗间　13. 配电室　14. 机房
15. 鸡苗存放间　16. 发鸡间　17、18. 厕所　19、20. 淋浴室
21、22. 更衣室　23. 消毒通道　24. 办公室　25. 休息室

第二节　孵化大厅的建筑结构要求

一、地面结构

(一) 结构

孵化大厅地面最好用油毡及沥青隔潮,以防地下水渗出,再填15～20厘米厚的炉渣后,做8～10厘米水泥砂浆抹平。孵化厅

地面一定要平，不然会导致地面积水、增加种蛋运输中的破损率，或造成孵化机销轴不易插入动杆的圆孔，增加操作难度。

（二）坡度

孵化厅未装机地面部分要有 0.5‰～0.8‰ 的坡度，便于洗涤水流入门前阴沟。洗涤室地面要比孵化厅及出雏室稍低，这样既便于排水流畅，又防止洗涤污水回流入孵化厅和出雏室。其他配套室的地面也均要有一定的坡度，便于洗涤水的排出。

（三）排水

在孵化厅内孵化机门口前设排水沟，该沟延伸贯穿整个孵化厅，沟距机门 50 厘米，沟宽及深一般为 15～20 厘米，沟上盖网状钢板，并使之与地面相平，便于推车及减轻震动。其他房间可沿墙修相对较窄、较浅，且盖有网状钢板的排水沟。孵化厅内不得有存水。

二、墙体

孵化厅的墙体要求保温性能好、坚固耐用，墙面不易脱落。

（一）孵化厅外墙

孵化厅外墙通常设计为两种：37 厘米的实砌墙和空气间层墙。前者虽很坚固，但不经济；而采用留空气间层的结构，其保温性能往往超过实砌砖墙，但要注意后者外墙一般承受着层架、大梁，故要附设墙墩，并在墙顶加混凝土垫块使压力分散。除上述砖砌墙外，还可采用空心砖作为墙体材料，实用性强。

（二）孵化厅内墙

一般做成 24 厘米砖墙，墙裙涂漆或 1.2 米高的瓷砖。一般现代化孵化厅使用两面均附有特种塑料层的泡沫板代替砖壁作为隔墙建筑材料，既节约了占地面积，又降低了造价，美观实用。

第三节 孵化厂的防疫制度

一、孵化工作的防疫流程

按照种蛋接雏的不可逆型设计（图3-3）

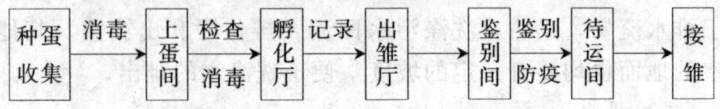

图3-3 孵化生产的防疫流程

二、孵化厂细菌检测技术

（一）污染表面取样法

1. 试纸取样法　即用简单的试纸在孵化厅某一工作面直接取样，用直接的平板技术来监测孵化厂表面的细菌数，这种监测的水平表面细菌与孵化厂抽样空气中的细菌数成正比例关系。

2. 接触采样法　即用培养基直接接触污染面来采样的方法监测孵化厂表面的细菌数，该法是将配制的琼脂培养基放入注射器管中，每次对样压印后，取下小块的培养基，放置在无菌培养皿进行培养。这种方法优点是成本低，监测效果好，一般厂家均能做到。

（二）蛋壳表面监测法

用试纸在蛋壳表面擦拭1～1.5平方厘米的面积来直接平皿培养，以确定蛋壳表面的污染程度。还可从密封筒中取出消毒带2.88平方厘米，紧贴蛋壳表面，并压在培养基的2个地方，通过调整它的低恢复率可较准确地估算蛋壳表面的大肠杆菌数。这种方法亦称为压印法。

（三）污染空气取样法

污染空气取样法是一种快速打开培养皿放在孵化厂水平表面上取样的方法。Sadler推荐采用胰蛋白酶大豆琼脂培养基、打开10分钟的平皿来监测孵化厂卫生，采用该法的评分标准见表3

—1。

表3—1　打开平皿10分钟后评估平板细菌数的等级

评分	菌落数（孵化机）	菌落数（房间）	真菌数（所有区域）
优秀（1）	0～10	0～15	0
良好（2）	11～25	16～36	1～3
中等（3）	26～46	37～57	4～6
差（4）	47～66	58～76	7～10
劣（5）	67～86	77～96	11～12
极差（6）	87以上	97以上	13以上

（四）绒毛取样法

绒毛取样法是一种在出雏接近结束时，采集出雏机内的绒毛并将其置于灭菌小瓶中送至实验室的方法。取一部分样品0.25～0.3克与100毫升灭菌水混合，然后取此溶液的定量用培养基进行平板培养，观察菌落情况。

根据绒毛总菌数将孵化厂分成"优秀"或"良好"等等级（表3—2。）

表3—2　对出雏机绒毛的微生物数进行分级　（单位：个/克）

等级	熏蒸前			熏蒸后		
	细菌	真菌	大肠杆菌	细菌	真菌	大肠杆菌
优	7.5万	0	2.5万	2.5万	0	0
良	15万	800	5万	5万	400	5000
中	30万	1600	10万	10万	800	1万
差	30万以上	1600以上	10万以上	10万以上	800以上	1万以上

三、孵化厂的消毒

（一）消毒方法及常用消毒剂

1. 甲醛消毒剂及其使用方法　35％～40％甲醛溶液又叫福尔马林，为无色带有刺激性及挥发性的液体。甲醛的生物杀菌原理是以与细菌蛋白起化学反应为基础，有极强的杀菌力，能杀灭细菌、真菌、病毒，且具有成本低、操作简单、对设备无腐蚀性等优点，是常用的消毒剂之一。

（1）甲醛消毒方法有以下两种

①直接加热熏蒸　按消毒空间取定量甲醛溶液，盛在容器内，关闭室门，用加热器加热挥发。固体甲醛体积小，通过直接加热来产生甲醛气，使用较为安全，消毒效果良好。

②与高锰酸钾混合氧化熏蒸　按一定比例（表3－3）将40%甲醛与高锰酸钾混合于容器中（要使用较深的陶瓷容器，因为反应时会产生热而出现大量气泡及溢出现象），甲醛溶液即沸腾挥发。操作时必须是先将甲醛溶液倒入容器，然后再倒入高锰酸钾。我们将每立方米用28毫升的甲醛和14克的高锰酸钾作为一个消毒单位，用 X 表示。

表3－3　不同熏蒸对象所推荐的浓度

熏蒸对象	熏蒸浓度	熏蒸时间（分钟）
刚产的蛋	2X	20
入库蛋	X	20
入孵蛋	X	20
孵化和出雏机（空机）	2X	30
雏鸡室、洗涤室	X	30

（2）甲醛消毒应注意的问题

①浓度　从逻辑上讲，一方面，使用的浓度越高，消毒过程就进行得越快，且更有效。但另一方面，浓度越高花费越大，再加之甲醛对被消毒物和人有危害作用。

②环境温度　温度越高，消毒效果越好。气压依赖温度，温度越高，物质气体状态的饱和度越高。因此，整个场所加温，消毒效果就好。但受现有物质条件的限制，对于种蛋，温度不应超过25℃。同样，甲醛作用时间越长，消毒效果也越好。但由于消

毒时间和有害作用成正比例关系，例如腐蚀，不管怎样，哪怕极少量甲醛，也应减少其暴露时间。

③环境湿度　消毒期间，必须保持较高的相对湿度。因为水汽可携带甲醛粒子，简单地说只有在潮湿的环境中，微生物为了繁殖而觅食。事实上，水蒸气能造成微生物的错觉，传递毒物给它们而不是食物。故相对湿度对消毒过程的效果有很大的影响。

④有机物含量　有机物的存在影响消毒效果，所以在消灭微生物时要尽可能保持被消毒物表面的清洁，应着重考虑两个主要因素。其一，由于甲醛的渗透性很差，仅能在物质的表面起作用，所以，甲醛消毒时尽可能与微生物直接接触，方能起作用。其二，有机物能与甲醛反应，使其失效。

⑤操作　操作时应将高锰酸钾用纸包好后放入甲醛溶液，迅即离去，避免甲醛气体对人体的伤害。

⑥检查　及时检查药液反应效果。若两剂反应完全，则只剩下褐色干燥粉渣；若残渣潮湿，则高锰酸钾用量不足；若残渣呈紫色，说明高锰酸钾用量过多，故两剂药应严格按比例投放。

⑦消毒　甲醛消毒对人体健康有危害。它不仅会刺激呼吸道，而且在浓度较高时还有致癌作用。研究表明，胚胎在孵化 10 小时以后期间对甲醛非常敏感，因此，入孵消毒一般在入孵后 9 小时内进行，防止对胚胎造成危害。

2. 过氧化物消毒剂及其使用方法　过氧化物类是根据其较强的氧化能力来杀灭病原体。常用的有过氧乙酸、过氧化氢及臭氧。

（1）过氧乙酸　过氧乙酸（又名冰醋酸），是一种高效、广谱、杀菌剂，具有消毒时间短、使用浓度低、操作方法多（喷雾、熏蒸、浸液均）等优点，对细菌及芽孢、酶菌、病毒等均具有较强的灭杀效果。缺点是腐蚀及刺激性强且不稳定。浓度高时会损伤皮肤、黏膜，故使用受到一定的限制。

通常情况下每立方米用浓度为 20％的过氧乙酸 90～100 毫升

再加 9～10 克高锰酸钾进行熏蒸消毒，或用 0.3％过氧乙酸溶液进行喷雾消毒，均能取得良好的效果。

（2）过氧化氢　过氧化氢是一种无色、无臭的透明液体，易分解为水及原子氧，不仅具有较强的氧化杀菌力，而且有一定的物理清污作用。其缺点是对金属、织物、皮肤等有一定的腐蚀性。一般使用其 3％的溶液进行环境喷雾消毒。

（3）臭氧　臭氧（O_3）是由空气或氧气流经臭氧发生器内的高能电极或经紫外线照射聚合生成。它能杀灭细菌、真菌及其孢子、病毒。其优点是不腐蚀设备。尽管有刺激性，但却较福尔马林易于驱散，且在低浓度 0.05 克/米^3 即能觉察到，这大大低于引起中毒的浓度。再者，杀菌时人们对发生器的臭氧量也易于控制与监测，因而较为安全。由于需要的臭氧发生器与监测设备，其成本较高，一般适宜于大、中型孵化厂。

臭氧熏蒸要严格掌握消毒时间。种蛋一般不超过 30 分钟即可。

3. 氯化物消毒剂及其使用方法　氯是某些消毒剂的有效成分。这些消毒剂有：次氯酸钠、次氯酸钙或含次氯酸钠的各种液体等。

次氯酸钠是含氯的广谱消毒剂，它不仅能杀灭细菌的繁殖体和芽孢，而且对真菌、病毒也有良好的杀灭效果，并且能破坏其外毒素，如肉毒梭菌毒素等。次氯酸钠适用范围广，如饮用水、疫源地消毒等，尤其适用于常规带鸡消毒以及鸡舍、孵化室的消毒。研究表明，30～50 毫克/千克次氯酸钠溶液对金黄色葡萄球菌、大肠杆菌、沙门氏菌有 99.99％以上的杀灭作用。次氯酸钠是化工厂的副产品，货源较广，因而购买较容易，同时，它也可现场制备，一般是用次氯酸钠发生器。其制备的主要原料是食盐和水，配制一定浓度的食盐溶液，通过电解装置在直流电场的作用下，氯化钠发生电解反应，产生次氯酸钠。该消毒剂价格低廉，可达到低投入，效果好之目的。

次氯酸钠的消毒效果与水的 pH 值有关，pH 值越高，杀菌效果越差，故不宜用碱性水配制。次氯酸钠对金属等有腐蚀和漂白作用，故不宜用于此类设备的消毒。

近年来国外用二氧化氯泡沫消毒剂来消毒种蛋，效果良好。二氧化氯泡沫消毒剂是由泡沫机生成，其作用时不仅不破坏壳外膜，省力、省药无气雾及回溅发生，而且能附着在蛋壳表面，不易流失，从而延长了消毒液与种蛋接触的时间，能达到良好的消毒效果。

4. 季胺类消毒剂及其使用方法

(1) 季胺类消毒剂　是目前最受孵化厂欢迎的消毒剂之一，国外约 70% 以上孵化厂将其作为主要的蛋壳消毒剂。它无色透明、无味，对金属腐蚀性小，对皮肤无刺激，具有良好的去臭和去污作用。它不含酚类、卤素或重金属，稳定性高。它带正电，能较快与带负电的细菌聚集，因而杀菌力强，实用效果好。

一般情况下，将含 500 毫克/升季胺、20 毫克/升乙二胺四乙酸的溶液，加入浓度约为 200 毫克/升的碳酸钠溶液并将其 pH 调至 8.0 左右，可用于孵化厂地面、墙壁及孵化盘的消毒杀菌。

(2) 百毒杀　是目前国内常用的双链季铵盐类消毒剂，它的特性是能迅速渗入胞浆膜质体和蛋白质体，改变细胞通透性，具有较强的杀菌力。同时，它还能主动吸附细菌，使细菌发生变化最终死亡。百毒杀具有较高的安全性，推荐使用剂量对人、畜禽无毒无害，对用具无腐蚀性，消毒力可持续 10～14 天。环境、用具预防消毒可按 3000 倍稀释，疫病发生时按 4000～5000 倍稀释；鸡体喷雾消毒、种蛋消毒可按 2500～3000 倍稀释；孵化室及设备可按 2000～2500 倍稀释喷雾消毒，均能达到理想效果。

5. 酚类消毒剂及其使用方法　酚是一种从煤焦油中提炼出的化学物质。纯酚呈无色针状结晶，具有特殊气味，通常以水溶液形式出售，其优点是在干燥后能对消毒面上继续保持的细菌及病毒具有较强抑制作用。它能与阴离子表面活性剂相配伍，并在碱性溶液中因溶解度较大而效果更显著。酚对皮肤的腐蚀性较强，且易被皮肤吸收，因而，在使用时尽可能防止与其直接接触，以免对人皮肤造成损害。

常用的有菌毒灭、煤酚皂溶液等。

菌毒灭是我国生产的一种新型、广谱、高效复合酚类消毒剂。主要用于环境喷雾消毒，也用于孵化设备及人口消毒，常规预防消毒稀释配比1：（300～400），病原污染的场地可用1：500消毒。

6. 其他消毒方法

（1）紫外线消毒　紫外线消毒是利用紫外线灯管进行，其灭菌原理是抑制细菌DNA的复制并产生臭氧。其灭菌效果与距离的平方成反比，如紫外线灯的距离是2倍，则强度为1/4。紫外线杀菌也需要一定的时间，因此，用紫外线灯消毒时要考虑灯管瓦数、被照物品的距离和消毒时间。

种蛋消毒室、孵化厂蛋库、更衣室，可安装若干40瓦紫外线灯管来进行消毒。

（2）温度差消毒　是将预热的种蛋放入冷的抗生素溶液中，即能杀死蛋壳表面微生物，而且当蛋内容物在冷溶液中发生收缩时，部分抗生素还能被吸入蛋内，从而杀死蛋内病原体，可见这种方法能对种蛋表面、蛋内病菌均有灭杀效果。

操作步骤：

①用0.02％双葡萄酸洗必太液洗涤、消毒蛋壳，消毒液温度为36℃～38℃；

②将种蛋在37.8℃下预热2～5小时；

③移入冷的抗生素溶液10～15分钟，取出即可。

采用此法消毒应注意：抗生素溶液一般为400～1000毫克/千克的泰乐菌素或红霉素溶液，该溶液在浸蛋时必须用制冷机保持在2.1℃～4.5℃范围内，消毒效果好。

（二）孵化厂的消毒程序与方法

1. 种蛋与孵化消毒

（1）入孵消毒　消毒步骤：种蛋从蛋库取出后，在摆蛋间将种蛋摆在孵化蛋车上，然后推进消毒间（或孵化机）内，待蛋壳上凝结的水珠消失后，即可用每立方米 14 克的高锰酸钾，28 毫升甲醛熏蒸 20～30 分钟，一般在入孵 9 小时内进行。熏蒸前关闭所有通气孔，消毒器皿应靠近门口，以免反应物溅到蛋上。熏蒸后开门排气 2～3 分钟，然后再关门消毒结束。

（2）落盘消毒　种蛋落盘后，可按每立方米 40～50 毫升过氧乙酸（20％）自然挥发消毒。

2. 设备消毒

（1）孵化机消毒　种蛋在 19 天落盘后，应彻底清扫机底部的脏物，然后用水管冲洗机壳内外壁及底部。一般不用高压水枪，以免水溅到孵化机控制元件上，导致机器发生故障。洗净后，将已冲洗干净的蛋车及蛋盘送入孵化机内，开机干燥并用甲醛熏蒸 30 分钟，再进行下一批次蛋的入孵。

（2）出雏机消毒　每次出雏结束后，要将出雏车、出雏盘全部移入洗涤室用高压水枪冲洗。出雏后，加湿轮叶间会积有大量绒毛，必须卸下轮叶，用高压水枪冲洗净，以防残存于轮叶间的绒毛腐烂而造成严重污染。机顶、机壁、排气管道在每次出雏后都积有绒毛，可用 0.2％百毒杀（季胺类）浸泡过的抹布擦拭干净。出雏机控制柜内要用吸尘器或干毛刷清除残积的绒毛。待出雏盘、轮叶等都冲净后，装入出雏机，开机干燥，然后用甲醛熏蒸 20～30 分钟即可。

（3）其他用具消毒　工作桌、鉴别桌、运蛋车等使用后都要彻底冲洗，并选择适宜消毒剂消毒后，放置在阳光下晒干备用。

3. 孵化厅卫生消毒　种蛋库门口应设专用工作鞋和工作服及消毒池，进库前须换鞋、换衣。蛋库内每周用甲醛熏蒸 30 分钟，地面要做到无积水及碎蛋壳污渍。蛋库可每周取样一次，测定细菌指数，及时掌握卫生情况，并据此采取何种消毒方式。

孵化厅的地面要每周用 0.2％复合酚溶液浸泡的拖布拖擦，或用 0.2％百毒杀溶液浸泡的拖布拖擦。天花板、墙角等处常积有灰尘及蛛网，不容易触及，可用吸尘器定期吸除。室内空气可采用季胺或其他消毒剂喷雾消毒。

鸡雏运出雏室后，必须尽快清除室内的废弃物，并进行彻底清洗，先进行喷雾消毒，然后用甲醛熏蒸消毒。

4. 厂外环境卫生与消毒

（1）每周用 0.2%百毒杀喷雾消毒孵化厅周围环境 1 次；

（2）定期清除厂周围的环境杂物，修剪整枝绿化带，保持优美环境；

（3）在孵化淡季安排一定的空闲时间，对孵化厂内外环境特别是杂草及所有设备进行一次集中彻底清除，然后喷雾消毒，最后密闭熏蒸消毒，这样可明显减少孵化厂的整体污染，提高出雏质量；

（4）定期统一投放鼠药，减少鼠类对孵化设备、种蛋等的损害；

（5）定期冲洗、消毒与客户接雏专用道路。

5. 孵化工作人员的卫生管理要求　孵化人员应严格遵守卫生防疫制度，进厂须更换专用消毒过的外衣、鞋帽，然后在消毒盆洗手（消毒液为 0.1%新洁尔灭溶液），经消毒池后方可进入工作间。严禁将生产区使用的工作服、帽、鞋带出厂外，也不能将与生产无关的物品特别是可能造成污染的物品带入厂内，同时，孵化人员与鸡舍人员不能随意串岗，这样易于造成疫病交叉感染。

对雏鸡鉴别员来说，为减少因鉴别鸡雏可能造成的交叉污染，加强消毒十分重要。具体方法是：鉴别人员在上岗前先用0.1%新洁尔灭消毒手部；鉴别时，在工作桌上放一条用 0.1%百毒杀浸湿的毛巾，每鉴别一只鸡雏，应将手在毛巾上消毒 1 次。鉴别结束后再严格消毒。

四、出壳鸡雏的免疫与防病

（一）马立克（MD）免疫方法

必须在鸡雏出壳后 24 小时内完成马立克疫苗的免疫，是孵化厂必须做的一项工作。一般在出雏鉴别后，接着就进行马立克疫苗的免疫。目前，根据马立克病毒的强度，基本上都用液氮马立克疫苗，冻干苗很少使用。液氮马立克疫苗的免疫方法是：首先是疫苗的解冻，即用27℃的温水在1分钟内将安瓿里的马立克疫苗溶化，接着用18号针头将疫苗抽进特定的马立克疫苗稀释液中，用较准确的连续注射器，在1小时内准确地注射到雏鸡的颈部皮下。

（二）出壳雏鸡疫病的预防

雏鸡在出壳后7～11日龄由于进行以体内营养供给（尚未吸收的卵黄）为主变为以体外营养（采食）为主的代谢调整过程，故其机体的抵抗力相对较弱。为了顺利度过这一代谢交替期，有必要在出壳雏鸡防疫马立克疫苗的同时，另外注射定量的广谱抗生素，效果相当显著。目前，有些抗生素可以直接对到马立克疫苗里同时注射。

常用的抗生素有：

1. 庆大霉素　每只鸡1000IU（国际单位）。

2. 头孢　每只鸡1000IU（国际单位）。

3. 卡那霉素　每只鸡3000～5000IU（国际单位）。

4. 小诺霉素　每只鸡2000IU（国际单位）。

5. 恩诺沙星注射液　为成年鸡用量的1/15～1/10。

第四节　孵化厂的环境控制技术

一、孵化各室气压调控及空气、废气的处理

1. 通过调控孵化各工作室的压力实现不可交叉污染　通常情况下，孵化厅各工作室的空气中都不同程度地有一些污染，可通过调节各工作室的室压，使总的空气流向与种蛋及雏鸡在孵化厂的传送方向相同，这样就能有效地防止各工作室之间的交叉污染。具体操作方法是：对比较干净的工作间如蛋库、摆蛋室，可用正压来排出这里的空气；而对一些污染较重的工作间，如出雏

室、洗涤室可采用负压来防止此处的空气流入其他地方。通常是通过开启气扇，使洁净室进气量大于排气量10％～15％，保持正压，使污染室进气量小于排气量10％～15％维持负压，借以防止污染空气流入较为清洁的地方，这就要求各工作之间门要轻便耐用，门与门框之间应完全吻合，除孵化人员进出需打开外，其他时间一律关严，便于空气的设计流向。

2. 孵化室与出雏室相对隔离　孵化虽然是一个流水式的作业过程，但要求各个相衔接的工作室相对隔离。特别是孵化室与出雏室之间的隔离最为重要。因为在整个出雏及雏鸡加工过程中，出雏室以及与其相邻的鉴别室、待运室等的空气中不仅会飘浮大量绒毛，而且大批鸡雏还要排出二氧化碳、粪便等多种代谢废物，容易造成该区域污染，如果这里的空气流入孵化室，势必对孵化造成污染。

3. 安装排废气管道　将孵化厅各工作室排放的废气集中排出厂外或孵化厅外（远离进气口），有利于减少孵化厅污染。

二、孵化厂的废物处理与利用

在鸡的孵化过程中，也有大量的废弃物产生。在第一次（一般是孵化10天）验蛋时，可挑出未受精蛋（俗称白蛋）和少量早死胚胎（俗称血蛋）。我国传统上，白蛋主要用于食用，但售价较普通商品蛋低。白蛋和血蛋也可与其他孵化废弃物混合处理。

出雏扫盘之后的残留物以蛋壳为主，有部分中后期死亡的胚胎（俗称毛蛋）。我国不少地方有食用毛蛋的习惯，认为毛蛋是营养丰富的食品，但一定要注意卫生，避免腐败物质及细菌造成中毒。

孵化废弃物（包括蛋壳、毛蛋、白蛋和血蛋）经高温消毒、干燥处理后，可制成粉状饲料加以利用。不同类型孵化废弃物的营养成分见表3-4。但由于孵化废弃物的组成成分变化较大，表中的数字仅供参考。

表3-4　三种孵化废弃物加工粉的营养成分

项目	肉鸡孵化 废弃物加工粉（%）	蛋鸡孵化 废弃物加工粉（%）	蛋壳粉 （%）
蛋白质	22.2	32.3	7.61
钙	24.6	17.2	36.4
磷	0.3	0.6	0.12
脂肪	9.9	18.0	0.24

由于孵化废弃物中的大量蛋壳，故其钙含量非常高，这在利用孵化废弃物作饲料时需要特别注意。有实验表明，在生长鸡料中可用孵化废弃物加工料代替至少6%的肉骨粉或豆粕，在蛋鸡料中则可占到16%。此外，用蛋壳粉可以替代饲料中的其他钙补充料。美国密苏里大学研究发现：蛋壳粉能提供氨基酸。他们使用蛋壳粉配合在鸡日粮中，与石灰石粉配合的日粮作比较，使用蛋壳粉的日粮喂鸡，其体重和蛋重都高于石灰粉的配合日粮，这就是因为蛋壳粉中含有有效的氨基酸。

○AI实践导师○在线阅读
○技术指导○政策解读

第四章　新型孵化机及其配套设备

第一节　新型孵化机的类型

一、孵化机类型

(一) 箱式立体孵化机

孵化机分孵化和出雏两种，分别置于孵化室和出雏室。目前有容量为 19 200 枚、57 600 枚种蛋的系列产品。主要是采用电脑控制系统，具有自动控温、控湿、定时翻蛋、超温冷却、报警、应急保护和数字显示以及群控等功能。配以不同规格的蛋盘还可以孵化鸭、鹅、鹌鹑、山鸡等。

(二) 巷道式孵化机

该机专为孵化量大设计，尤其适用于孵化商品肉鸡雏。孵化机容量达 8 万～16 万枚，出雏机容量 1.3 万～2.7 万枚。采用分批入孵、分批出雏。孵化机和出雏机两机分开，分别置于孵化室和出雏室。

巷道式孵化机的优点在于：

1. 散热与加热互补，节省能源　我们知道，种蛋入孵 11 天后就开始散热。巷道式孵化机的空气搅拌方式可以形成"O"形循环气流。即气流从吸热蛋车打出，经过散热蛋车后再返回来，这样即可把散热车种蛋散的热带回来传给吸热车的种蛋，可节省能源 30％以上。

2. 自动实现变温孵化　其独特的空气搅拌方式，可使箱体内各蛋区温度呈梯度变化，从而实现自动变温孵化，保证了良好的孵化效果。

3. 多点测温、控温，较传统的单点测温、控温技术准确性好

采用气动翻蛋，平稳可靠；喷雾加湿，控湿准确；节省地面，管理方便。

二、孵化机的基本结构

（一）主体结构

1. 孵化机外壳　绝大部分孵化设备都安装在外壳里面。为了使胚胎正常发育和操作方便，总的要求是：保温（隔热）性能好，防潮能力强，坚固美观。箱壁一般厚约 50 毫米，夹层中填满玻璃纤维或聚苯乙烯泡沫或硬质聚氨酯泡沫塑料等隔热材料。孵化机门的密封性是影响保温性能的关键，用材要求必须严格，绝不能变形，而且门的框边要贴密封条（如橡胶条等），以确保其密封性。里层为 0.75 毫米厚的铝合金板，外层为 ABS 工程塑料板。

孵化机的底部接触水的机会很多，容易腐烂，既影响保温又容易损坏。孵化机底部用厚 0.5～0.7 毫米的镀锌铁皮铺底，也有采用玻璃钢衬里。为了提高工作效率，解决烂底问题和便于清洗消毒，现多制成无底孵化机。此外，孵化控制器位置安排要合理，以便于操作、观察和维修。

2. 种蛋盘　种蛋盘分孵化蛋盘（在孵化机中使用）和出雏盘（在出雏机中使用）两种。为使胚胎充分、均匀受热，要求通气性能好，不变形，安全可靠，不掉盘，不跑雏。

（1）孵化蛋盘　现在多采用塑料方形孔式。

（2）塑料出雏盘　无毒、无味，盘壁厚 8 毫米、高 10 厘米，侧边及底部开有若干宽 7 毫米的条形透气孔，底网孔眼 5 毫米×40 毫米。优点是透气性好，结实，不锈蚀，便于清洗消毒。

3. 孵化活动蛋车和出雏车

（1）孵化蛋车　整个蛋架由很多层跷板式蛋盘托组成，靠连接杆联结，翻蛋时以蛋盘托中心为支点，分别左右倾斜 45 度。其中活动架车式是将多层蛋盘托连接在一个框架上，底配四个轮

（两前轮为活络轮，以便转动灵活）做成蛋盘车。整个孵化机可分成 2～4 个蛋盘车（或更多），可同时整入整出。

（2）出雏车　由于不需转蛋，所以结构比活动转蛋架简单得多，仅用角钢做四框，底配四个轮，同时顺着摆两个出雏盘，高度由出雏机的高度而定。

（二）控温、控湿、报警和降温系统

1. 控温系统　控温系统由电热管或远红外棒和孵化控制器中的温控电路以及感温元器件组成。

（1）电热管的功率及布局　电热管应安装在风扇叶的侧面或下方。功率配备以 200～250 瓦/米^3 为宜，最大不应超过 300 瓦/米^3，中小型孵化机可适当增加 20%～30%。出雏机中，功率配备以 150～200 瓦/米^3 为宜，最大不超过 250 瓦/米^3。现在比较先进的孵化机、出雏机设置两组加热元件，主加热和副加热。当机内温度升到离设定温度 0.03℃～0.1℃ 时，副加热停止工作，只有主加热工作。副加热的设定值可以根据环境温度加以调整。

（2）温度控制器的控温原理　下面主要介绍代表我国先进水平孵化机的电脑温度控制器，它是利用现代微处理器（CPU）对孵化机的温度进行控制的。包括以下几部分：CPU，EEPROM（电擦除程序存储器），RAM（动态存储器），A/D（模数转换器），感温元器件，固态继电器，电热管等。

感温元器件测得的温度信号，经 A/D 转换器转换成数字信号，CPU 把此信号与 RAM 中存储的设定温度数据相比较，如果测得的温度数字信号低于设定温度数据，则输出一个高电平使故态继电器吸合，电热管加热；如果所测得温度数字信号等于或高于设定温度数据，则输出低电平，使故态继电器释放，电热管停止加热，孵化机处于恒温状态。孵化机容量超过 25 200 枚的机型设有副加热，机内温度低于设定值 0.5℃ 左右时，主、副加热同时工作，否则只有主加热器工作。

2. 控湿系统　现代孵化多采用叶片式供湿轮或卧式圆盘滚筒自动供湿装置。该装置位于均温风扇下部，由贮水槽、供湿轮（滚筒）、驱动电机（或电磁阀）及感湿元器件（水银电接点式湿度计或湿敏电容）等组成。

控湿原理：一种形式是当孵化机湿度不足时，水银电接点式湿度计触点导通使电磁阀打开，水经喷嘴喷到转动的叶片轮上（叶片轮由均湿风扇经皮带带动），加速水分蒸发。当湿度达到设定值时，触点断开，电磁阀关闭，停止加湿。另一种形式是湿度计（如湿敏电容、电阻）控制驱动电机使供湿滚筒转动或停转，以达到加湿或停止加湿的目的，并可以在控制器面板上显示孵化机内的真实湿度。

3. 报警系统　报警系统是监督控制器及设备正常工作的安全装置。当孵化机出现故障或孵化机内环境条件不符合设定要求时，报警系统启动，提醒工作人员及时处理，以免影响孵化机正常运行。超温报警及降温冷却系统：一般孵化机均设有超温报警装置。包括超温报警水银电接点温度计（温度调到比设定的孵化温度高 0.5℃左右）、电铃和指示灯。当超温时能声光报警，同时切断电热电源，有冷却系统的同时打开电磁阀通冷水降温。

现代先进的孵化机，具有超温自处理、超高温报警和应急控制等功能：当温度超过设定值 0.2℃以上时，能自动打开进风电机进行风冷，并打开电磁阀接通冷水降温，同时风门控制电机运作，使风门处于最大位置；当温度超过设定值 0.5℃时，超温报警指示灯亮、蜂鸣器发出声音报警。一旦温度恢复正常，系统将自动关闭风冷电机，风门位置恢复到超温前的位置，同时水冷电磁阀也关闭，降温冷却系统停止工作；若温度超过设定值 0.5℃后未及时处理，孵化机温度上升至 38.5℃左右，超高温水银电接点温度计触点导通，实现超高温声（电铃）光报警，同时切断加热电源。此外，如果传感器控温出现故障一时难以排除时，可按下"应急按键"，该系统可自动切换为水银电接点温度计控温工作状态。

（三）机械传动系统

1. 翻蛋传动系统　包括机械传动和电子控制两部分。机械传动的主要零配件有：翻蛋电机、电机减速器、涡轮蜗杆、控制行程开关及连杆机构。电子电路采用集成电路。该系统80～100分钟翻蛋1次（有的设60、90、120分钟3种翻蛋周期）。翻蛋角度45度，并设有计数器显示翻蛋次数。

2. 通风换气及均温系统　该系统由进气孔、出气孔和均温电机及风扇叶组成。依均温风扇位置，可分侧吹式、顶吹式、后吹式及中吹式。箱式孵化机的进气孔，侧吹式设在近风扇轴处或孵化机的前下方，顶吹式和后吹式设在近风扇轴处，中吹式设在孵化机顶的中部。出气孔各式均设在孵化机顶部，进气孔可手动调节或自动调节。巷道式孵化机的风扇设在孵化机的尾部内上侧，进气孔多设在孵化机尾部机顶，出气孔在孵化机门口处机顶。这种设计很合理，因为它采用前进式分批入孵，新鲜空气通过进气孔先经过需氧多、胚龄大的种蛋，再经过胚龄小的需氧少的种蛋，既解决了不同需氧量的需要，又可利用胚龄大的余热。

孵化机里的温度是否均匀，除均温风扇外，还与电热和进气孔布局、孵化机门的密封性能有很大关系，须统一考虑。此外孵化机的通风换气还须与孵化室、出雏室的通风换气设计密切配合。

（四）机内照明和安全系统

为了观察方便和操作安全，孵化机内设有照明设备和启动关闭电机装置。可以手动控制，也可以将开关安在门框上自动控制。

第二节　新型孵化机的配套设备

一、水处理设备

孵化用水量较多，而且有些设备对水的质量要求较高，必须对水质进行处理。经常间断性停电或水中杂质（主要是泥沙）较多的地区，应有滤水装置。在我们北方很多地区，水中含无机盐较多，如果使用有自动喷湿和自动冷却系统的孵化机，必须配备水软化设备，以免供湿喷嘴或冷排管道堵塞或供水阀门关闭不严而漏水。

二、交流稳压电源

孵化机多在农村使用，而很多农村地区的电压不稳，因此最好配稳压电源。原信息产业部 41 研究所生产有孵化机专用的稳压电源，当输入电压在 140～260 伏之间变化时，能迅速自动调整，保持输出电压稳定在 220 伏±10%。

三、运输设备

孵化厂应配备一些平板四轮或两轮手推车，运送蛋箱、雏盒、蛋盘和种蛋。雏鸡出厂时可用带有空调的运输车（温度保持20℃～25℃）给用户送雏。

四、冲洗设备

一般采用高压水枪清洗地面、墙壁及设备。目前有多种型号的国产冲洗设备，如喷射式清洗机，很适用于孵化厂的冲洗作业。

五、照蛋设备

（一）照蛋灯

用于孵化时照蛋。采用镀锌铁皮制罩，制成纺锤形，上部安灯泡，中间安手柄，下部为照蛋孔，孔的边缘安上胶皮。并配上12 伏的电源变压器，使用更方便、安全。

（二）台式照蛋器

先制作一个便于操作的照蛋台。照蛋台上的灯光眼与蛋盘上的蛋数相等，大小对应。蛋盘压上，灯亮，蛋盘取下，熄灭，每个灯光眼上的蛋取下后，该处熄灭。这种照蛋器分辨率高，照蛋速度快，蛋破损少，一般大、中型孵化厂均利用。

六、测量温、湿设备

（一）标准温度计

常用的体温计测量温度时水银柱只能升而不能降，而标准温度计则是一种较为精确且水银柱能升能降的温度计，它可装于孵化机观察窗上，这样不必开孵化机门就可直接观测机内温度。

使用安装简易办法一般是：将长 40 厘米、宽 1.5 厘米的铁皮制成"匚"形，再上下各钻一直径略大于温度计的圆孔，然后将铁皮的两端分别固定在观察窗上下沿的机门内壁上，用橡皮圈套在距水银球端 4～5 厘米处的温度计上，以防温度计从孔中脱出，然后再将温度计水银球向下，向上穿入上面的圆孔，最后将水银球的一端移入下面的圆孔，并使刻度朝向窗外，便于观测。

（二）三位数显测湿仪

它是采用湿敏电容作测湿探头，灵敏度高，测量范围大（20％～90％RH），主要用于机内测量湿度。

（三）四位数显测控温仪

它是采用集成温度传感器，测量值显示精度达 0.01℃，除温度设定能自动控制外，还具高温（＋0.5℃）低温（－0.5℃）报警、超高温导电表自动切断加热及自动控制翻蛋等功能。

（四）多路测温仪

能进行多路温度测量，并设定多组参数，且具有打印功能，即可将打印时间、机型、每路温度、最高路温度、最低路温度、平均值、极差数等数据准确打印，显示精度 0.04℃，使用于孵化机内多点测温。

七、其他设备

（一）发电设备

孵化厂需自备发电设备，以备停电时启用。

（二）连续注射器

用于给 1 日龄雏鸡接种马立克氏疫苗。

（三）雌雄鉴别设备

1. 翻肛鉴别设备　鉴别台（设有 3 个格，分别盛装混合雏、公雏、母雏）、鉴别台灯、装胎粪罐、椅子等。

2. 羽色鉴别设备　长条形鉴别台（工作台），高 1 米左右，便于操作。羽色鉴别可在捡雏时同时进行。

3. 快慢羽鉴别设备　鉴别台（设有 3 个格，分别盛装混合雏、公雏、母雏），椅子。

（四）雏鸡盒

用瓦楞纸板打孔（直径 1.5 厘米）做成上小下大的梯形，分 4 格，每格可放蛋鸡雏 25～26 只。规格（单位：厘米）为（53～60）×（38～45）×16.3。四个角伸出一个高 2.7 厘米的、3.5 厘米×3.5 厘米的三角垫（叠放时在上下盒之间保持 2.7 厘米的间隙，以便通气和散热）。

扫码解锁
○AI实践导师 ○在线阅读
○技术指导 ○政策解读

第五章 禽类孵化的新技术

第一节 种蛋的管理

一、种蛋的选择

优良种鸡所产的蛋并不全都是合格种蛋，必须严格选择。选择时首先注意种蛋来源，其次是注意选择方法。

（一）种蛋来源

种蛋应来自生产性能好、无经蛋传播的疾病、受精率高、饲喂营养全面的饲料、管理良好的种鸡群。受精率在80%以下、患有严重传染或患病初愈和有慢性病的种鸡所产的蛋，均不宜做种蛋。

（二）种蛋的选择方法

1. 外观

（1）清洁度 种蛋蛋壳不得被粪便或破蛋液污染，以防导致孵化率降低和雏鸡质量下降。轻度污染的种蛋可以入孵，但要认真擦拭或用消毒液洗去污物。

（2）蛋重 蛋重过大或太小都影响孵化率和雏鸡质量。一般要求蛋用鸡种蛋为50～65克，肉用鸡种蛋为52～68克。

（3）蛋形 合格种蛋应为卵圆形，蛋形指数为0.72～0.75，以0.74为最好。

（4）蛋壳厚 相对密度在1.080孵化率最好。蛋壳过厚（壳厚在0.34毫米以上）的钢皮蛋、过薄（壳厚在0.22毫米以下）的沙皮蛋和蛋壳厚薄不均的皱纹蛋，均应剔除。蛋壳过厚，孵化时蛋内水分蒸发过慢，出雏困难；蛋壳过薄，蛋内水分蒸发过快，也不利于胚胎发育。

(5) 蛋壳颜色　蛋壳颜色应符合本品种的要求。但若孵化商品杂交鸡，对蛋壳颜色不需苛求。对育种场应严格挑选蛋壳颜色，以选育出具有本品种或品系特点的蛋壳颜色。

2. 碰击听声　在挑蛋入库时，要手、眼、耳并用，两手各拿2~3枚种蛋，活动手指，使蛋之间轻轻碰击，听声音辨蛋质量：声音清脆的是正常蛋，"扑扑"嘶哑音的是破蛋。破蛋如不修补，孵化率很低，应剔除。

3. 照蛋透视　用光来透视是检验蛋的新陈及内部品质的最常用而有效的方法。

(1) 蛋壳　新鲜的蛋壳纯正，附有石灰质颗粒，好像覆有一薄层霜状粉末，没有光泽。陈蛋蛋壳不清新，常有光泽。如果壳有光亮，则是孵过的蛋。裂纹蛋可见到裂纹，沙壳蛋因钙质沉积不均，因而可见到点状的亮点。

(2) 气室　鲜蛋气室小，其高度一般不超过 5 毫米，存放时间长且温度高时，气室会变得较大，由此可判定蛋的新鲜程度。

(3) 蛋黄　蛋黄阴影越不清晰，并居蛋的中心位置，表明蛋愈新鲜。不新鲜蛋由于浓蛋白的液化，蛋黄靠近蛋壳，阴影较为明显，稍一晃动，飘忽不定。存放时间过长，蛋黄膜破裂变成散黄蛋，透视时蛋黄呈不规则的阴影。

此外，照蛋时尚可看出是否腐败变质、曾否孵化以及血斑、肉斑等不正常的内部情况。

4. 剖视抽查　多用于外购种蛋。将种蛋打开倒在衬有黑纸（或黑绒）的玻璃板上，观察新鲜程度及有无血斑、肉斑。新鲜蛋，蛋白浓厚，蛋黄高突；不新鲜蛋，蛋白稀薄呈水样，蛋黄扁平甚至散黄。一般只用肉眼观察即可，对育种蛋则需要蛋白高度测定仪等专用仪器测量。

表 5-1　不合格与合格种蛋的孵化效果比较

组别	裂纹蛋	大蛋	小蛋	畸形蛋	合格种蛋
受精蛋孵化率（%）	65.83	69.84	76.86	81.06	89.31
死胚率（%）	8.33	4.76	8.26	3.79	0.76
健雏率（%）	94.94	87.50	97.85	97.20	100.00
后期死胎率（%）	25.00	25.40	14.88	15.15	9.92

二、种蛋的贮存

1. 适宜温度　蛋产出母体外，胚胎发育暂时停止，随后，在一定的外界环境下胚胎又开始发育。当环境温度偏高，但不是胚胎发育的适宜温度（37.8℃）时，则胚胎发育是不完全和不稳定的，容易引起胚胎早期死亡。当环境温度长时间偏低时（如0℃），虽然胚胎发育处于静止状态，但是胚胎活力严重下降，甚至死亡。

研究表明，鸡胚胎发育的临界温度（也称生理零度）是23.9℃。即当环境温度低于23.9℃时，鸡胚胎发育处于静止休眠状态，但是一般在生产中保存种蛋的温度要比此临界温度低。适宜温度应为13℃～18℃。保存时间短，采用温度上限，时间长，则采用下限（表5-2）。

2. 适宜相对湿度　种蛋保存期间，蛋内水分通过气孔不断蒸发，其速度与贮存室里的湿度成反比。为了尽量减少蛋内水分蒸发，必须提高贮存室里的湿度，一般相对湿度保持在75%～80%。这样既能明显降低蛋内水分的蒸发，又可防止真菌滋生（表5-2）。

表 5—2   种蛋保存的环境条件

项目	保存时间						
	1～4天内	1周内	2周内		3周内		
			第1周	第2周	第1周	第2周	第3周
温度（℃）	15～18	13～15	13	10	13	10	7.5
相对湿度（%）	75～80			80			
蛋的位置	大头向上			小头向上			

3. 保存时间   种蛋即使在适宜的环境下，也随着保存时间的延长，其蛋白杀菌的特性逐渐下降，蛋内水分蒸发增多，蛋白pH值发生变化，引起系带和蛋黄膜变脆。同时由于蛋内各种酶的活动，也会引起胚胎衰弱及营养物质变性，降低胚胎生活力，最终影响孵化率。

研究表明：不经贮存即入孵的新鲜蛋有明显高的蛋白高度（衡量蛋白的稀稠程度）及明显低的蛋白pH值。从理论上讲，蛋白越黏稠，对氧气扩散到胚盘上阻力也越大，新鲜蛋较贮存蛋有明显高的蛋白高度，其妨碍了充足的氧气流入胚盘，孵化24小时后，随着蛋白的液化，蛋白高度已降到类似蛋贮存5天的高度，不仅减少了通气障碍，也使来自液化蛋白的各种养分易于流向胚盘，并有助于源于蛋白中的水分形成胚胎所需的亚胚液。蛋白pH值因蛋产出时蛋内CO_2逸出而在入孵48小时内迅速升高，由刚产出时的7.6左右，升至9.0～9.5。蛋黄的pH值约为6.0，产蛋后不久，卵黄膜两侧形成了稳定的氢离子梯度。孵化那些未经贮存即入孵的新鲜蛋，可能会使发育中的胚盘处于适宜的离子梯度及浓稠的蛋白环境中，不仅妨碍气体的扩散，也限制了养分的吸收，而导致孵化很早期胚胎的黏膜死亡明显增多。这就是新鲜蛋的孵化率不及贮存几天的蛋的主要原因之一。

值得注意的是，贮存期过长时的蛋的早期死胚率也会增高，主要是由蛋白质量过低等原因造成的。因为蛋白质量随着贮存期延长而下降，在这种情况下，通过采取提高蛋白质量以及阻止蛋白 pH 值进一步上升的方法（如充入 CO_2）可延缓孵化率的下降。可见，开始孵化前保持最佳的蛋白质量与最佳的蛋白 pH 值都极为重要。

有空调设备的种蛋贮存室，种蛋保存 2 周以内，孵化率下降幅度小；2 周以上，孵化率下降较明显；3 周以上，孵化率急剧降低。一般种蛋保存以 5～7 天为宜，不要超过 2 周。如果没有适宜的保存条件，应缩短保存时间。温度在 25℃ 以上时，种蛋保存最多不超过 5 天。温度超过 30℃ 时，种蛋应在 3 天内入孵。原则上天气凉爽时（早春、处秋），种蛋保存时间可以长些。严冬酷暑，保存时间应短些。

4. 贮存方法

（1）贮存 3 天内应将种蛋小头向下为佳，这不仅方便了上蛋（与种蛋孵化位置一致），也能提高孵化率。

国外学者研究发现，火鸡种蛋在 2～15 大贮存期内不同贮存位置对其孵化率及孵化时间有明显影响。结果表明，种蛋小头向上与小头向下贮存的孵化率之差与贮存天数呈线性关系；小头向上贮存 3 天使孵化率下降 1.9%（$P < 0.05$）；小头向上贮存 4～7 天以及 8～11 天却使孵化率提高 0.5%、0.8%；而小头向上贮存 12～15 天则提高 1.3%（$P < 0.05$）（表 5—3）。

表 5—3 贮存天数、位置与孵化率（%）

贮存天数	小头向上	小头向下	差值	贮存天数	小头向上	小头向下	差值
3	67.9	69.8	−1.9	8～11	67.2	66.4	0.8
4～7	69.2	68.7	0.5	12～15	65.4	64.1	1.3

（2）贮存期超过 3 天宜小头向上为佳 这是因为小头向下贮存时，随着贮存期的延长，种蛋内容物变得愈加稀薄，其结果蛋黄上浮，逐渐靠近气室。当附有胚盘的蛋黄触及气室时，则会导致胚胎粘连而死亡。而小头向上贮存可使蛋黄位于蛋白的中

心，使休眠胚胎不至于脱水或内壳膜粘连，从而获得较良好的孵化率；此外，小头向上贮存种蛋随其贮存时间的延长，其孵化率明显优于小头向下种蛋的贮存效果（表5—4）。

表5—4 孵化率

贮存时间（天）	6	8	12
小头向下（%）	81.1	75.8	60.4
小头向上（%）	84.3	81.6	69.2

三、种蛋消毒

（一）种蛋消毒时间

从理论上讲，最好在蛋产出后立刻消毒。这样可以消灭附在蛋壳上的绝大部分细菌，防止其侵入蛋内，但在生产实践中无法做到。比较切实可行的办法是每次捡蛋（每天 3～4 次）完毕，立刻在鸡舍里的消毒室或送到种蛋库消毒。种蛋入孵后，应在入孵化机时进行第 2 次消毒。

（二）种蛋消毒方法

1. 甲醛熏蒸消毒法 甲醛（通称"福尔马林"，40%的水溶液）熏蒸消毒法消毒效果好，操作简便。对清洁度较差或外购的种蛋，每立方米用 42 毫升福尔马林加 21 克高锰酸钾，在温度 20℃～26℃、相对湿度 60%～75% 的条件下，密闭熏蒸 20 分钟，可杀死蛋壳上 95%～98.5% 的病原体。为了节省用药量，可在蛋盘上罩塑料薄膜，以缩小空间。在孵化机里第 2 次消毒时，每立方米用福尔马林 28 毫升、高锰酸钾 14 克，熏蒸 20 分钟。消毒时应注意：一是种蛋在孵化机里消毒时，应避开 24～96 小时胚龄的胚蛋；二是福尔马林与高锰酸钾的化学反应很强烈，又具有很大的腐蚀性，所以，要用容积较大的陶瓷盆，先倒福尔马林，后加高锰酸钾，但注意不要伤及皮肤和眼睛；三是种蛋从鸡舍送消毒室或从贮存室取出后，在蛋壳上会凝有水珠（俗称"冒汗"），应让水珠蒸发后再消毒，否则对胚胎不利；四是福尔马林溶液挥发性很强，要随用随取，如果发现福尔马林与高锰酸钾混合后，只冒泡产生少量烟雾，说明福尔马林已失效。

2. 过氧乙酸熏蒸消毒法　过氧乙酸是一种高效、快速、广谱消毒剂。消毒种蛋，每立方米用含16％的过氧乙酸溶液40～60毫升，加高锰酸钾4～6克，熏蒸15分钟，但须注意：它遇热不稳定，如40％以上的浓度，加热至50℃易引起爆炸，应在低温保存；它是无色透明液体，腐蚀性很强，不要接触衣物、皮肤，消毒时用陶瓷盆或搪瓷盆；现配现用，稀释液保存不超过3天。

3. 新洁尔灭浸泡消毒法　用含5％的新洁尔灭原液加50倍水，即配成1∶1000的水溶液，将种蛋浸泡3分钟（水温43℃～50℃）。

4. 碘液浸泡消毒法　将种蛋浸入1∶1000的碘溶液中（10克碘片＋15克碘化钾＋1000毫升水，溶解后倒入9000毫升清水）0.5～1分钟。浸泡10次后，溶液浓度下降，可延长消毒时间至1.5分钟或更换新碘。溶液温度43℃～50℃。

种蛋保存前不能用溶液浸泡法消毒，因破坏胶护膜，加快蛋内水分蒸发，细菌也容易进入蛋内。

（三）种蛋消毒场所

（1）在鸡舍内或进种蛋贮存室前，在消毒柜或消毒室中进行第1次消毒；

（2）入孵后在孵化机中，进行第2次消毒；

（3）落盘后在出雏机中，进行第3次消毒。

四、入孵前种蛋的预温处理

种蛋入孵前最好进行预温，这主要由于：

（1）若将未预温的种蛋直接放入孵化机，会降低孵化温度，进而可能影响同一机内另外批次种蛋胚胎的发育；

（2）种蛋预温可使其受精胚盘逐渐"苏醒"，否则温度突然变化过大会影响胚胎发育；

（3）未预温种蛋入孵时表面会"冒汗"，预温后可去除种蛋表面的"汗"，增强入孵消毒的效果；

（4）预热一般能提高种蛋孵化率；

（5）节约孵化电耗。

种蛋预热一般采用23℃，时间为15～18小时为宜。如果种蛋当贮存期超过2周，预温提高孵化率的效果尤为显著（表5－5）。

表5－5　预热与不预热的孵化率比较

贮存天数	孵化率（%）	
	预热	不预热
14	77.5	74.3
21	68.8	62.6
28	53.2	41.2

第二节　孵化过程中的胚胎发育

一、孵化期0～21天胚胎变化特征

受精蛋如获得孵化条件（从孵化机或抱窝鸡得到温度），胚继续发育，很快形成中胚层。以后就从内、中、外3个胚层形成新个体的所有组织和器官。

1. 中胚层　形成肌肉、骨骼、生殖泌尿系统、血液循环系统、消化系统的外层、结缔组织。

2. 外胚层　形成羽毛、皮肤、喙、趾、感觉器官、神经系统。

3. 内胚层　形成呼吸系统上皮、消化器官（黏膜部分）、内分泌器官。

蛋开始孵化后在结构上的最初变化之一是原条的出现，在中胚层分化的同时，使靠近内胚层起源点的原条随着外胚层两处的加厚而突出。原条最终会完全消失，它是将来胚体纵轴（脊髓）

与后肢的标志。尽管胚轴是相当一致的，但绝不是定位的，通常与蛋长轴成 90 度左右。

利用照蛋器观察"蛋相"以及定期剖活胚蛋，可以随时了解到胚胎发育的情况，现将鸡胚胎每日发育特征分述如下：

第 1 天，胚盘直径 0.7 厘米，胚重 0.2 毫克。在胚盘明区形成原条，其前方为原结，原结前端为头突，头突发育形成脊索、神经管。中胚层的细胞沿着神经管的两侧，形成左右对称的呈正方形薄片的体节 4～5 对。中胚层进入暗区，在胚部的边缘出现许多红点，俗称"血岛"。鸭、火鸡 1～1.5 天，鹅 1～2 天。

第 2 天，胚盘直径 1.0 厘米，胚重 3 毫克。卵黄囊、羊膜、绒毛膜开始形成。胚胎头部开始从胚盘分离出来。血岛合并形成血管。入孵 25 小时，心脏开始形成，30～42 小时后，心脏开始跳动。可见到 20～27 对体节。照蛋时，可见卵黄囊血管区，形成樱桃，俗称"樱桃珠"。鸭、火鸡 1.5～3 天，鹅 3～5 天。

第 3 天，胚长 0.55 厘米，胚重 20 毫克。尿囊开始长出。胚的位置与蛋的长轴垂直。开始出现前后肢芽。出现 5 个脑胞的原基，眼的色素开始沉着。有 35 对体节。照蛋时，可见胚和伸展的卵黄囊血管形似蚊子，俗称"蚊虫珠"。鸭、火鸡 4 天，鹅 4.5～5 天。

第 4 天，胚长 0.77 厘米，胚重 50 毫克。卵黄囊血管包围蛋黄达 1/3，肉眼可明显看到尿囊。羊膜腔形成。胚和蛋黄分离，由于中脑迅速生长，胚胎头部明显增大。舌开始形成。照蛋时，蛋黄不容易转动，胚与卵黄囊血管形似蜘蛛，俗称"小蜘蛛"。鸭、火鸡 5 天，鹅 5.5～6 天。

第 5 天，胚长 1.0 厘米，胚重 0.13 克。生殖腺已性分化，组织学上可确定胚的公母。胚极度弯曲，整个胚呈"C"形。可见指（趾）原基。眼的黑色素大量沉着。照蛋时，可明显看到黑色的眼点，俗称"单珠"或"黑眼"。鸭、火鸡 6 天，鹅 7 天。

第 6 天，胚长 1.38 厘米，胚重 0.29 克。尿囊到达蛋壳膜内表面，卵黄囊分布在蛋黄表面的 1/2 以上。由于羊膜壁上的平滑肌的收缩，胚胎有规律运动。蛋黄由于蛋白水分的渗入而达到最大的重量，由约占蛋重的30.01％增至65.48％。喙原基出现，躯干部增大，翅、脚已可区分。照蛋时，可见头部和增大的躯干部两个小圆团，俗称"双珠"。鸭、火鸡7～7.5天，鹅8～8.5天。

第7天，胚长1.42厘米，胚重0.57克。尿囊液急剧增加，上喙前端出现小白点形的破壳器——卵齿，口腔、鼻孔、肌胃形成。胚胎已显示鸟类特征。胚胎自身有体温。照蛋时，胚在羊水中不容易看清。半个蛋表面部满血管。火鸡8～8.5天。

第8天，胚长1.5厘米，胚重1.15克。肋骨、肺、胃明显可辨，颈、背、四肢出现羽毛乳头突起，右侧卵巢开始退化。照蛋时，胚在羊水中浮游，背面两边蛋黄不宜晃动，俗称"边口发硬"。鸭、火鸡9～9.5天，鹅10～10.5天。

第9天，胚长2厘米，胚重1.53克。喙开始角质化，软骨开始骨化，眼睑已达到虹膜。解剖时，心、肝、胃、肾、肠已发育良好。尿囊几乎包围整个胚胎。照蛋时，可见卵黄两边易晃动，尿囊血管伸展越过卵黄囊，俗称"窜筋"。鸭、火鸡10.5天，鹅11.5～12.5天。

第10天，胚长2.1厘米，胚重2.26克。尿囊血管到达蛋的小头，整个背、颈、大腿都覆盖有羽毛乳头突起。龙骨突形成。照蛋时，可见尿囊血管在蛋的大头合拢，除气室外，整个蛋布满血管，俗称"合拢"。鸭、火鸡13天，鹅15天。

第11天，胚长2.54厘米，胚重3.68克。背部出现绒毛，腺胃明显可辨，冠锯齿状。尿囊液达最大量。照蛋时，血管加粗，色加深。鸭、火鸡14天，鹅16天。

第12天，胚长3.57厘米，胚重5.07克。身躯覆盖绒毛，肾、肠开始有功能，开始有喙吞食蛋白。鸭、火鸡15天，鹅17天。

第13天，胚长4.35厘米，胚重7.37克。头部和身体大部分覆盖绒毛，胫、趾出现角质鳞片原基，蛋白通过羊膜道迅速进入羊膜腔。眼睑达瞳孔。照蛋时，蛋小发亮部分随胚龄增加而逐渐减少。鸭、火鸡16～17天，鹅18～19天。

第14天，胚长4.7厘米，胚重9.74克。胚胎全身覆盖绒毛，头向气室，胚胎开始改变为横着的位置，逐渐与蛋长轴平行。鸭、火鸡18天，鹅20天。

第15天，胚长5.83厘米，胚重12克。翅已完全成形，胫、趾的鳞片开始形成，眼睑闭合。此时，体内外器官大体上都形成了。鸭、火鸡19天，鹅21天。

第16天，胚长6.2厘米，胚重15.98克。冠和肉髯明显，绝大部分蛋白已进入羊膜腔。鸭、火鸡20天，鹅22～23天。

第17天，胚长6.5厘米，胚重18.59克。羊水、尿囊液开始减少。躯干增大，脚、翅、胫变大，头日益显小，两腿紧抱头部。喙向气室。蛋白全部输入羊膜腔。照蛋时，蛋小头看不发亮，俗称"封门"。鸭、火鸡20～21天，鹅23～24天。

第18天，胚长7厘米，胚重21.83克。羊水、尿囊液明显减少，头弯曲在右翼下，眼开始睁开。第17至18天肺脏血管几乎完全形成，但未开始呼吸。胚胎转身，喙朝气室。照蛋时，可见气室倾斜，俗称"斜口"。鸭、火鸡22～23天，鹅25～26天。

第19天，胚长7.3厘米，胚重25.62克。尿囊动、静脉开始枯萎。卵黄囊收缩，与剩余的绝大部分蛋黄一起缩入腹腔。喙进入气室，开始呼吸，颈、翅进入气室，头埋右翼下，两腿弯曲朝头部，呈抱头姿势，以便于破壳时挣扎。雏鸡开始啄壳，可闻雏鸡叫。照蛋时，可见气室有翅膀、喙、颈部的黑影闪动，俗称"闪毛"。鸭、火鸡24.5～25天，鹅27.5～28天。

第20天，胚长8厘米，胚重30.21克。尿囊全部萎缩，血循环停止，剩余蛋黄与卵黄囊全部进入腹腔。第20天前半天（19天又18小时）大批啄壳，开始破壳出雏。雏鸡啄壳时，首先用"破壳器"在近气室处敲一个圆的裂孔，而后沿着蛋的横径（近最大横径处）逆时针方向间断地敲打至约占横径2/3周长的裂缝，此时雏用头颈顶撑，主要是以两脚用力蹬，破壳而出，20.5天大量出壳。鸭、火鸡25.5～27天，鹅28.5～30天。

第21天，胚重35～37克，雏鸡孵出。鸭、火鸡27.5～28天，鹅30.5～32天。

为了便于记忆，现将鸡胚胎在21天中发育的各种不同特点，编成顺口溜：

一天上了盘，鱼眼蛋黄中。两天像樱桃，心脏开始动。三天像蚊虫，头尾分显明。四天像蜘蛛，血管四处伸。五天四肢长，照蛋看眼睛。六天成双珠，胚胎开始动。七天离壳远，沉入蛋黄中。八天胚胎浮，蛋黄不易动。九天称发边，胚胎软骨硬。十天见血管，小头要合拢。十一血管粗，各部器官增。十二卵黄接，全身羽毛生。十三长完成，气室分外明。十四蛋白少，胚胎体躯增。十五体放大，蛋中大黑影。十六气室大，鳞爪角质成。十七要关门，肺还未利用。十八吸卵黄，气室不正中。十九见小嘴，肺脏开始动。二十见起嘴，叨解要出生。二十一出壳，护雏要忠诚。

二、胚胎发育的生理特征

（一）胚膜的形成及其功能

胚胎发育早期形成的4种胚外膜（卵黄囊、羊膜、绒毛膜、尿囊），虽然都不形成鸡体的组织器官，但它们是胚胎为适应外界环境发育所需。

1. 卵黄囊　在孵化的第2天，由于体褶出现而开始形成卵黄囊。孵化第4天，卵黄囊血管包围蛋黄1/3。孵化第6天，卵黄囊血管分布于蛋黄表面1/2。孵化第9天，卵黄囊几乎覆盖整个蛋黄表面。卵黄囊表面分布很多血管，构成卵黄囊循环系统，经卵黄囊柄通入胚体。蛋黄吸收是由卵黄囊内胚层细胞的消化酶，将蛋黄变成液状，然后被卵黄的内壁所吸收，并通过卵黄囊血管到达循环的血液，经心脏带到生长的胚胎各部分。卵黄囊的内壁有很多皱褶，以增加吸收面积。卵黄囊内壁在孵化初期，形成血管内皮层和原始血球。该囊在孵化第6天前还给胚供氧，可见卵黄囊是胚胎的营养器官、造血器官和呼吸器官。孵化第19天，卵黄囊及剩余蛋黄绝大部分进入腹腔，第20天完全进入腹腔。雏鸡出壳时，约剩余5克蛋黄，一般在孵出后6～7天被雏鸡小肠吸收完毕，仅在肠壁外残留一个小突起，称卵黄蒂。

2. 羊膜与绒毛膜　羊膜在孵化30～33小时开始生出，首先形成头褶，随后头褶向两侧伸展而形成侧褶，40小时覆盖胚头部，第3天尾褶出现。第4～5天，由于头、侧、尾褶继续生长的结果，在胚胎背上方相遇合并，称羊膜脊（或浆羊膜脊），形成了羊膜腔，包围胚胎。而后，羊膜腔充满液体（羊水），起着缓冲震动，平衡压力，保护胚胎免受震伤的作用，也保持早期胚胎的湿度。羊膜表面没有血管，但有平滑肌纤维，孵化第6天开始有规律地收缩，波动羊水，使胚胎不致因粘连而畸形。孵化5～6天羊水增多，第17天羊水开始减少，第18～20天大幅度减少以至枯萎。羊膜褶包括两层胎膜。内层靠胚体，称羊膜，外层称浆膜（又称绒毛膜）。它紧贴在内壳膜上，当尿囊发育到达壳膜时，绒毛膜又与尿囊结合形成结合膜，称尿囊绒毛膜，并随尿囊发育，最后包围胚胎本身及其他胚外膜和蛋的内容物。

3. 尿囊　孵化第2天末至第3天初开始生出，从后肠的后腹壁形成一个突起。孵化第4～10天迅速生长，第6天到达壳膜内表面，第10～11天包围整个胚胎内容物，并在蛋的小头合拢，以尿囊柄与肠连接。尿囊在接触壳膜内表面继续发育的同时，与绒毛膜结合成尿囊绒毛膜。这种高度血管化的结合膜由尿囊动、静脉与胚胎循环相连接，其位置紧贴在多孔的壳膜下面，起到排出二氧化碳吸入外界氧气的呼吸作用，并吸收壳壁的无机盐供给胚胎。尿囊还是胚胎蛋白质代谢产生的尿素、尿酸等废物的贮存场所。因此，尿囊既是胚胎的营养器官，又是胚胎的呼吸器官和排泄器官。孵化第17天尿囊液开始减少，第19天动、静脉萎缩，第 20 天尿囊血液循环停止。当鸡雏破壳而出时,尿囊柄断裂,黄白色的排泄物和尿囊绒毛膜弃留蛋壳内壁上。

（二）胚胎血液循环的主要路线

鸡胚的血液循环有三条主要路线：卵黄囊血液循环、尿囊绒毛膜血液循环和胚内循环。

1. 卵黄囊血液循环　它携带血液到达卵黄囊,吸收养料后回到心脏,再送到胚胎各部。

2. 尿囊绒毛膜血液循环　它从心脏携带含有二氧化碳及含氮废物的血液到达尿囊绒毛膜,排出二氧化碳及含氮废物,然后吸收养料及氧气回到心脏,再分配到胚胎各部。

3. 胚内循环　从心脏通过血液带着养料和氧气,到达胚胎各部,而后带着含氮废物和二氧化碳离开胚胎各部回到心脏。

三、胚胎发育的物质基础

（一）代谢途径

胚胎发育的物质代谢途径有四条：

1. 渗透　孵化头两天胎膜尚未形成,胚胎通过渗透方式直接利用卵黄中的葡萄糖。所需的氧气也由碳水化合物分解及通过扩散而来。

2. 卵黄囊血液循环　孵化 2 天后,卵黄血液循环形成,胚胎主要靠卵黄囊血管吸收卵黄中的营养物质及氧气。

3. 尿囊绒毛膜血液循环　孵化五六天后,尿囊绒毛膜血液循环形成,此时胚胎既靠卵黄血液循环吸收卵黄中的营养物,又靠尿囊血液循环吸收蛋白及蛋壳中的营养物。由于尿囊已靠近壳膜,可通过尿囊循环经壳孔吸收外界的氧气。

4. 胚内循环　血液带着养料及氧气,通过心脏,到达胚体各部,而后带着含氮废物及二氧化碳离开胚胎各部回到心脏。

（二）代谢过程

1. 水的变化　蛋内的水分随孵化期的递增而逐渐减少。一部分被蒸发,其余部分进入蛋黄,形成羊水、尿囊液及胚胎体内水分。蛋黄内的水分，孵化第 2 天开始增加，第 6～7 天时达最大量，从第 1 天的 30％增至 64.4％。其水分来自蛋白，故蛋白含水量从 54.4％降至 18.4％，变成浓稠的胶状物。约 2 周后，蛋黄恢复原重，水分重新进入蛋白，使蛋白变稀，以便经浆羊膜道进入羊膜腔。胚胎开始含水量达 94％，以后逐渐减少，初生雏含水量约 80％。在整个孵化期中，因蒸发而损失的水分占重量的 15％～18％。

2. 糖的代谢　蛋白含糖仅 0.5 克左右，75％在蛋白里，25％在蛋黄中。它是胚胎发育初期的热量来源。在孵化的前 7 天，胚外的葡萄糖增加，胚内有许多糖类积存。孵化的第 7～11 天，胚胎将脂肪变成糖加以利用。第 10 天胰脏分泌胰岛素，从第 11 天起，肝内开始贮存肝糖。

3. 脂肪代谢　蛋内的脂肪含量约 6.1 克，99.5％存在于蛋黄中。胚胎从孵化的第 7 天开始利用脂肪，第 11 天以后（尤其第 17 天以后）大量被利用，第 10 天开始在胚内贮存。总的来说，蛋中脂肪的 1/3 在胚胎发育过程中耗掉，2/3 贮于雏鸡体内。

4. 蛋白质的代谢　蛋内约含 6.6 克蛋白质，3.1 克存于蛋白，3.5 克存于蛋黄。它是形成胚胎组织和器官的主要营养物质。在胚胎发育过程中，蛋白及蛋黄中的蛋白质锐减，而胚胎体内的色氨酸、组氨酸、蛋氨酸、赖氨酸等渐增。在蛋白质代谢中，分解出含氮废物（氨 1％、尿素 7.6％、尿酸 91.4％），由胚内循环带到心脏，经尿囊绒毛膜血循环排泄在尿囊腔中。第 1 周胚胎主要排泄氨和尿素，从第 2 周开始排泄尿酸。

5. 无机盐的代谢　蛋壳含无机盐约 6.4 克（碳酸钙占 93.7％、磷酸钙 6.3％），蛋黄、蛋白含无机盐约 0.4 克，蛋黄含有磷、镁、钙、铁；蛋白含有硫、钾、钠、氮。胚胎发育过程中，前 7 天主要利用蛋黄、蛋白中的无机盐，到第 10～15 天，主要摄取蛋壳中的钙和磷，以形成骨骼。

6. 气体交换　胚胎发育过程中，不断进行气体交换。孵化最初 6 天，主要通过卵黄囊血循环供氧（有人说在入孵至 33～36 小时内，胚胎不需要氧），而后尿囊绒毛膜血循环达到蛋壳内表面，通过蛋壳上的气孔与外界进行气体交换。到第 10 天后，气体交换才趋完善。第 19 天后，胚雏开始肺呼吸，直接与外界进行气体交换。鸡胚在整个孵化期需氧气 4～4.5 升，排出二氧化碳 3～5 升。

7. 维生素　维生素是胚胎发育不可缺少的营养物质，主要是维生素 A、维生素 B_2、维生素 B_{12}、维生素 D_3 和泛酸等。如果蛋内含量不足，极容易引起胚胎早期死亡或破壳难而闷死于壳内，也是造成残、弱雏的主要原因。

第三节　孵化五要素及其调节

一、温度

温度是孵化过程中最重要的外部因素，它决定胚胎的生长发育进程和生活力的强弱。正确地掌握孵化温度是提高孵化率的主要条件。

孵化中常用以下几个温度概念：

设定温度——孵化机上的感温元件（感温探头）所指示的温度以及温度设定电位器所设定的显示温度。通过调节设定温度来获得胚胎发育所需要的温度。

蛋面温度——将体温表水银探头靠在胚蛋壳上所测得的温度，它随孵化胚龄的增加而增加，即眼皮所测得的温度。

胚胎温度——指胚体本身的温度。

门表温度——指位于孵化机观察窗附近的门表温度计所指示的温度。门表温度一般比机内温度高（有人报道高 0.5 ℉），但可估计机内温度。

孵化温度——用若干温度表放在机内靠近胚蛋的位置，要求探头游离于蛋间空隙中所测的多温度表读数平均值。

数显测量温度——指通过孵化机精密温度传感器感温并转换成电量参数，再经过一系列电子转换路线后，通过数量表所显示的温度。

（一）孵化施温方案

目前，在我国关于鸡人工孵化给温有两种方案：一种提倡变温孵化，另一种则采用恒温孵化。两种孵化给温方案，都可获得理想的孵化率。

1.变温孵化法（亦称阶段降温法）　变温孵化法主张根据不同的孵化机、不同的环境温度（主要是孵化室温度）和鸡的不同胚龄，给予不同的孵化温度。其理由：

（1）自然孵化（抱窝鸡孵化）和我国传统孵化法，孵化率都很高，而它们都是变温孵化；

（2）不同胚龄的胚胎，需要不同的发育温度。其施温方案，见表5-6。

表5-6　变温孵化施温方案

胚龄（天）		1～6	7～12	13～18	19～21
室温（℃）	15～20	38.5	38.2	37.8	37.5
	22～28	38.0	37.8	37.6	36.9

从表5-6中看出，家禽整个孵化期分4个阶段逐渐降温进行孵化，故变温孵化，也称降温孵化。

变温孵化法操作要点：入孵第一批时，先参照表5-6的施温方案定温。然后根据看胎施温技术，调整孵化温度（大约每隔3天抽验20枚胚蛋，检查胚胎发育情况，调整孵化温度）。经过1～2批试孵，确定适合本机型的孵化温度。

2.恒温孵化法　将鸡的21天孵化期的孵化温度分为：1～19天，37.8℃；20～21天，37℃～37.5℃（或根据孵化机制造厂推荐的孵化温度）。在一般情况下，两个阶段均采用恒温孵化。同时，必须将孵化室温度保持在22℃～26℃，低于此温度，应当用暖气、热风炉或火炉等供暖；如果无条件提高室温，则应提高孵化温度 0.5℃～0.7℃；高于此温度则开窗或机械排风（乃至采用送入冷风的办法）降温。如果降温效果不理想，考虑适当降低孵化温度 0.2℃～0.6℃。

3. 注意事项

（1）孵化季节　目前国内的孵化室一般还不能调节室温，冬、夏季度的室温必然会影响机内的温度。一般来说，冬季及早春寒冷季节，室温较低，孵化温度应提高 0.2℃～0.3℃。

（2）禽蛋类型　一般认为，禽蛋越大，其单位蛋重面积就越小，不利于受热和散热，因而前期温度应稍高，中后期降温幅度应稍大。如水禽蛋前期温度应比鸡蛋高 0.6℃～0.9℃，中后期则应低于 0.9℃～1.1℃。鹌鹑蛋的含脂及含糖率比鸡蛋高，中后期亦应低些。就同一种禽蛋而言，一般要求蛋用型孵化温度比兼用型低 0.1℃，而兼用型又比肉用型低 0.2℃左右。白壳蛋比褐壳蛋的蛋壳要薄些，故导热较快，耐热性较差，同时散热也快，保温性差，故白壳蛋孵化温度不能太高，晾蛋时间也不能太长。

（二）温度的调节——看胎施温

“看胎施温”就是按照禽胚的自然规律，画出逐日胚龄的标准“蛋相”，然后根据胚胎各胚龄“蛋相”与标准“蛋相”的差距，来调整孵化温度，通过几批次的“看胎施温”，可制定出适合本机型、本品种、一定室温下的最佳施温方案。

1. 看胎施温基本要求　种蛋在孵化过程中的每天“蛋相”均不相同，有些相邻日龄“蛋相”差异很小，初学者一般较难掌握，实际运用只要抓住 3 个典型的“蛋相”，并根据这些“蛋相”分 3 个阶段调温，就能达到“看胎施温”的基本要求。

（1）“起眼”期　鸡蛋在孵化第 5 天，头照看胚。看胚前，先随机取蛋 30 枚，平放 5 分钟，让胚胎上浮，照蛋时方可看清。发育正常的胚胎可看到明显的黑色眼点，若 70% 有明显黑色的眼点，表明用温适当，稍微降温 0.2℃左右或维持温度到第 10～11

天后再降，若看到似第 4 天"蛋相"——"小蜘蛛"，应提高 0.2℃～0.5℃。

（2）"合拢"期　鸡蛋在孵化第 10～11 天二照看胎，此期发育正常者，两侧尿囊血管在小头伸展并"合拢"。若第 10 天末有 70% "合拢"，少数稍快或稍慢，说明温度正常；若第 10 天末有 90% 以上的蛋"合拢"，说明用温偏高；若第 11 天末仍有 30% 以上的蛋未"合拢"，一般来说是由用温偏低造成的，可维持温度不变或稍升 0.2℃ 左右。

（3）"封门"期　在鸡蛋孵化第 17 天看胎。以小头对准光源，再也看不到发亮的部分，称为"封门"，可降温 0.2℃～0.5℃，反之则维持温度不变；若气室向一方倾斜（斜口）的有 20% 以上，降温幅度可更大一些。

2．"看胎施温"注意问题

（1）"看胎施温"是指在孵化温度在一定范围内的"看胎施温"。孵化温度低，胚胎发育必定慢，但温度高，发育则不一定快。刘作功等（1991）用 38.3℃、37.8℃ 及 37.65℃ 三种不同温度进行孵化试验，结果发现，孵化温度过高过低均会显著影响胚胎的"合拢"，见表 5—7。

表 5—7　胚胎在 3 种温度下孵化 10 天零 8 小时后的平均"合拢"率

温度（℃）	平均"合拢"率（%）
37.8	96.89
38.3	57.38
37.65	31.93

由此可见，虽然"合拢"是胚胎发育过程中易于观察的特征，但通过第 10～11 天照蛋发现胚胎发育缓慢，不一定是低温造成的，也可能是孵化前期超温造成的。

在孵化实践中，温度过高不仅影响"合拢"率，也会降低胚胎重量（表 5—8），最终影响出雏质量。

表 5-8　不同孵化温度环境下胚胎的重量（克）

鸡胚日龄	孵化温度（℃）							
	33.5	34.5	35.5	36.5	37.5	38.5	39.5	40.5
6	0.05	0.07	0.21	0.30	0.37	0.45	0.68	0.59
13	1.62	1.88	3.21	5.85	7.31	9.32	8.76	7.09

由表 5-8 可见，6 日龄胚胎在 33.5℃～39.5℃之间随孵化温度的升高，胚胎重量增大，超过 39.5℃ 开始下降；13 日龄胚胎在孵化温度 33.5℃～37.5℃之间随温度升高其重量增加，而超过 38.5℃，则重量减轻。另外，随胚胎日龄增加，对高温的抵抗力下降，故在孵化后期严禁超温。

总而言之，在一定孵化温度范围内，温度高，发育快，温度低，发育慢，借此通过观察胚胎发现未达到标准"蛋相"，一般来说是由低温造成的，但也有可能是由高温（超出孵化温度上限）等其他原因所致，应全面分析。

（2）孵化操作中，5 种情况必须定期看胎检查：入孵初始的头几批种蛋；孵化室温度变化较大；新购孵化机；孵化率不稳定；孵化人员技术不熟练。

（3）准确计算孵化胚龄。假如从开机到达规定的孵化温度需要 6 小时，这样就应将其折算孵化温度下的孵化时间加进去。例如：第几批蛋某日早 8 点开机入孵，6 小时达孵化温度，假设 6 小时折算的孵化时间为 3 小时，则到次日早 11 点即满 1 日龄。

（4）通常情况下，"看胎施温"的规律是孵化前期加温，中后期降温，孵化前期用温稍高一点，对胚胎发育影响不大，同时增加了以后用温的主动性；变温孵化时，中后期要逐渐降温，降温幅度随胚龄的增加而逐渐加大；如果后期胚胎发育稍慢，可维持温度不变但一般不宜加温；出雏期更不能加温，待大批雏禽从机内捡出后，因机内雏鸡热能生产量显著减少，可将机温升高 0.5℃ 左右，湿度提高 5% 以上，这既保持了发育快的胚胎不至于早出雏，又能兼顾到发育慢的胚胎，从而减少了弱雏率，缩短了出雏时间。若调温幅度过大时，可分几批进行，每次调幅不超过0.2℃为宜，这样对胚胎刺激较小，有利于其发育。

（5）停电后如何补温　　停电后对胚胎发育必然造成一定影响，为了降低这种影响，保证按期出壳，应依据不同情况而采取相应的补温措施。一般来说，10日龄前可比正常不停电情况下用温高0.2℃左右，10日龄以后可延缓降温或降温幅度低一些。

（6）变中有恒，恒中有变　　不管是恒温孵化还是变温孵化，绝对恒温或绝对的变温方案是不科学的，应在"变中有恒，恒中有变"中看胎施温。

（三）胚胎温度、孵化温度、胚胎产热量之间的热交换模型

胚胎在发育过程中所经受的温度取决于3种因素：

（1）孵化温度；

（2）孵化机与胚胎之间的散热力；

（3）胚胎本身的代谢产热量。

国外学者建立了孵化的热能模型，该模型的一种简单形式为：

T蛋＝T机＋（H胚＋H失水）/K

式中：T蛋为蛋温（℃）；T机为孵化温度（℃）；H胚为某一孵化时刻的胚胎产热量（W）；H失水为蒸发失水所散失的热量（W）；K为蛋及其周围空气的导热率（W/℃）。

K＝（0.97μ0.6）M0.53

式中：μ为空气流速（厘米/分）；M为蛋重（克）。

开始孵化时，H胚的量极少，故H胚＜H失水，T蛋＜T机；孵化末期，H胚的量达到最大，故H胚＞H失水，T蛋＞T机。蛋鸡的H胚在孵化期开始逐渐超出H失水。直接测量鸡蛋的T蛋，即可显示出孵化期的中间点开始超过T机。其结果为，在孵化前1/2期，胚蛋将从周围空气中吸热，孵化后1/2期，胚蛋将向周围空气散热，这就说明了为什么孵化前后期加热不同

的原因，可见，这种孵化热能模型的建立，为孵化期间温度调控提供了科学依据，特别是为变温孵化提供了技术参数。

二、湿度

（一）孵化最适湿度

鸡胚胎发育对环境相对湿度的适应范围比温度要宽些，一般为40%～70%。立体孵化机最适湿度是：孵化机50%～60%，出雏机65%～75%。孵化室、出雏室相对湿度为75%。

一定要防止同时高温高湿。适当的湿度，孵化初期使胚胎受热良好，孵化后期有益于胚胎散热，也有利于破壳出雏。出雏时湿度与空气中的二氧化碳作用，使蛋壳的碳酸钙变成碳酸氢钙，壳变脆。所以，在雏啄壳以前提高湿度是很重要的，尤其水禽（如鸭、鹅）孵化。

（二）湿度对胚胎发育的影响

1. 湿度对孵化所需时间的影响　当孵化湿度由57%降为45%时，部分蛋的孵化期缩短了一天。其原因是孵化期的长短与胚胎代谢率有关，降低孵化湿度可通过加快与胚胎代谢水的丧失，从而缩短孵化时间，但在这种情况下孵出的雏鸡体质相对较弱。

2. 湿度对胚胎重量、长度的影响　研究表明，将不同孵化湿度各日龄胚胎，用吸水纸吸干其外表水分，然后称重并测量其长度，结果发现，低湿组与常湿组18天前的胚胎重量与长度无显著差异，但18天后差异明显。其原因是尿囊作为胚外胎膜中最外围的胎膜，18天前的减重主要是尿囊液的减少，处在羊膜腔内胚胎不受低湿的影响。而在种蛋落盘后，尿囊液及羊水经蒸发所剩无几，处于低湿下的胚胎必然失水较多，从而降低了胚胎重量与长度，所出之雏必然弱小。

3. 湿度对胚胎死亡率的影响　孵化湿度对胚胎死亡率有较大影响。若湿度不足，则加速蛋内水分蒸发，造成失水过多，使蛋内物质代谢异常，尿囊绒毛膜干燥，阻碍了代谢废物的排出及所需氧气的摄入；若湿度过大，会妨碍蛋内水分的蒸发，使胚胎发育所产生的代谢水不能及时排出，最终导致胚胎"溺死"，故孵化湿度应当适宜，过大过小都会增加胚胎死亡率。

4. 湿度对胚胎气室大小影响　湿度大，失水少，胚胎气室则小；湿度小，失水多，气室大。所以要根据胚胎气室大小推测其失水情况，根据气室直径准确计算失重率，来说明湿度是否适宜。

5. 湿度对雏鸡出壳时间极其耐热性的影响　在 45% 或 55% 相对湿度下孵化鸡蛋，出壳后分别在 35℃、37℃、39℃ 环境中放置 48 小时，结果，45% 湿度下孵出的雏鸡体重比在 55% 湿度下孵出的要小，在 55% 湿度下孵出的鸡在较高温度环境中的失重失水较 45% 湿度下的要多。虽然出壳早及出壳迟的鸡在较高湿度环境中的失重与失水均相似，但出壳迟的鸡雏能较好地维持其早期热能生产及呼吸率。可见，出壳迟及在 45% 湿度下所孵出的鸡雏耐热性较好，否则则不良。

（三）湿度的调控

湿度的调控主要依孵化期间胚胎失重的多少来确定。一般来说，在孵化过程中失重过多或过少的蛋均比那些失重接近平均值的蛋的孵化率要低。例如，鸡蛋孵化 20 天的最佳失重率为 12%~13%，每日适宜失重范围为 0.60%~0.65%，如果种蛋孵化 20 天内的失重率小于 12% 或大于 13%，都将无法获得最佳孵化率。在孵化期间监测种蛋失重的方法有如下两种：

1. 胚胎气室观察法　一般采取照蛋器观察胚胎气室的大小并与标准气室进行比较可估计胚胎失重情况，据此调节孵化湿度。

2. 称量蛋重法　种蛋入孵前先称空载蛋盘重，然后称取上蛋后的总重，以此重减去空盘重即得入孵前蛋净重，然后将该盘蛋正常孵化，在某一孵化日龄再称取这盘蛋的重量，减去蛋盘重，得出净重，即可算出失重率（某日龄蛋重占原蛋重的百分率）及每天平均失重，并与该品种蛋的最佳失重率相比较。现举例如下：

蛋盘重＝2.0千克

入孵时蛋＋蛋盘重＝10.0千克

入孵时蛋重＝10.0千克－2.0千克＝8.0千克

15天时蛋重＝15天时蛋＋蛋盘重－蛋盘重

＝9.0千克－2.0千克＝7.0千克

15天时失重率（％）＝（入孵时蛋重－15天时蛋重）/入孵时蛋重
×100％

＝（8.0－7.0）/8.0×100％＝12.5％

平均每天失重率＝15天时失重率/15天＝12.5％/15＝0.833％

20天失重率＝平均每天失重率×20＝0.833％×20＝16.66％

此例算出的20天失重率是16.66％，超过了适宜范围的上限值（13％），表明孵化机内湿度不足。

不同禽种在胚胎发育阶段的失重率不同。火鸡在孵化的前7天胚胎失重最大；鸡则是在开始孵化与孵化结束时胚胎的失重较高，特别是孵化第14～18天之间的每日失重与整个孵化期的每日平均失重相近，因此，如果仅测一次，宜在孵化的第14～18天之间进行。若测两次，则应在孵化的第10～12天和16～18天进行。

三、通风换气

孵化期间通风换气的目的在于保持孵化机内适量需氧量，排出过多的二氧化碳，防止热量积聚，减少空气污染。

（一）通风换气对孵化的作用

1. 通风与胚胎的气体交换　胚胎在发育过程中除最初几天外，都必须不断地与外界进行气体交换，而且随着胚龄的增加而加强。尤其是孵化第19天以后，鸡胚胎开始用肺呼吸，其耗氧量更多。有人测定每一个胚蛋的耗氧，孵化初期为0.51毫升/小时，第17天达17.34毫升/小时，第20天、第21天达0.1～0.15升/小时。整个孵化期总耗氧4～4.5升，排出二氧化碳3～5升。

2. 氧气和二氧化碳含量对孵化率的影响 氧气含量为21%时，孵化率最高，每减少1%，孵化率下降5%。氧气含量过高孵化率也降低，在30%～50%范围内，每增加1%，孵化率下降1%左右。不过，大气的含量一般为21%。孵化过程中，胚胎耗氧，排出二氧化碳，不会产生氧气过剩问题，倒是容易产生氧气不足问题。

新鲜空气含氧气21%、二氧化碳0.4%，这对于孵化是合适的。一般要求氧气含量不低于20%，二氧化碳含量0.4%～0.5%，不得超过1%。二氧化碳超过0.5%，孵化率下降，超过1.5%～2%，孵化率剧烈下降。只要孵化机通风系统设计合理，运转、操作正常，孵化空气新鲜，一般二氧化碳不会过高，应注意不要通风过度。

3. 通风与温、湿度的关系 通风换气、温度、湿度三者之间有着密切关系。通风良好，温度低，湿度就小；通风不良，空气不流畅，湿度就大；通风过度，则温度和湿度都难以保证。

4. 通风换气与胚胎散热的关系 孵化过程中，胚胎不断与外界进行热能交换。胚胎产热随胚龄递增成正比例增加。尤其是孵化后期，胚胎代谢更加旺盛，产热更多。如果热量散不出去，温度过高，将严重阻碍胚胎的正常发育，甚至"烧死"。所以，孵化机内的均温风扇，不仅可供胚胎发育所需的氧气、排出二氧化碳，而且还有一个重要作用，可使孵化机内温度均匀，驱散余热。

（二）通风换气的合理调节

在整批入孵的前期，由于胚胎需要氧少排出二氧化碳也少，并要从外界吸收热量，因此，前期通风换气不要过大，应以保温保湿为主。一般在入孵24小时后逐渐打开进出气口，每隔12小时停机加水，进行大换气。在每次机内大换气前必须进行孵化室内大换气，这样才能收到良好的效果。检查通风换气是否良好，可将点燃的火柴放在进气口，如果火焰向机内抽则说明通风较好。孵化后期，尤其孵化量较大，胚胎需要大量氧气，并排出大量的二氧化碳，此时胚胎散热较多，要加强通风换气。一般只要胚胎发育符合规律，以红绿指示灯作为控制通风量标记即可。通风正常时，红绿灯间歇交替；绿灯常不熄（断电）表明通风不足，需要加大通风量，红灯常亮不止（加热）表明通风量大，需减少通风量。

孵化后期如果通风量不足可将孵化机的门拉开一条缝，门缝大小要适当，使电热板仍有断通的时间；也可将电热板的功率减小，但最好的办法是增大进出气孔的面积及进气量。孵化率低的原因大多是因为孵化后期不敢大胆通风换气，造成机内严重缺氧和二氧化碳过多，热量散不出去，使得大批胚胎闷死所致。冬季，如果孵化室温度较低，为了不加大通风换气量而影响保温，可在进气孔处接一个300W（瓦）的电炉，给进入孵化机的冷空气加热，解决通风与保温的矛盾。

（三）通风换气操作过程中的几个实际问题

1. 夏季通风降温问题

（1）应用蒸发式降温器降温　它能提供过滤的清爽凉气且成本较低。降温器蒸发用的水分是由吸水垫提供的，用鼓风机将水蒸气经垫子吸入，由于水汽化后能吸热而使空气冷却并同时经管道送遍整个孵化室，最后经各室排气扇排出孵化厅，达到室内降温之目的。

（2）安装空气蒸发网与鼓风机　可用金属网、塑料网作为空气蒸发网在屋顶设垂直的流水帘，网周围的空气因水的蒸发吸热而降温，然后用鼓风机将蒸发网周围所形成的冷空气传至孵化室，这种降温方式既经济，效果又好。

（3）使用降温法　夏季孵化厂不搞全厂送冷风，只是在孵化机进风口的地下，安装一条管径较大的送冷风管道，管道内风速控制在1～2米/秒（管道末端风速），使冷风徐徐进入孵化机，以达到夏季降温的目的。这样，由于不需要进行室内大空间温度调节，所以不仅大大地节省冷气量，而且空气新鲜，降温效果十分明显。

2. 孵化后期的机内输氧　孵化后期由于胚胎发育较快，代谢率较旺盛，因而就需要更多的氧气。如果此时胚胎气体交换量不足则会导致其窒息而死。蒋中山等从孵化的第 18 天起向孵化机输氧，使机内氧含量为 21.2%，结果显著地提高了孵化率（表 5—9）、健雏率和育雏成活率。其主要做法是：

（1）用吸收法测孵化机中的氧含量。氧的吸收液选用焦性没食子酸碱液，用半自动气体分析仪及气敏色谱仪测试。

（2）根据测试的氧含量进行输氧。在装有压力控制阀和流量计的氧气瓶上接一胶管，将滤过的氧气输入孵化机，输入 1 小时采样测氧。实践中，每隔 2 小时输氧 1 次，可使孵化机内氧含量保持最佳状态。

表 5—9　输氧与不输氧的孵化率（%）

组别	实验批次						
	1	2	3	4	5	6	7
输氧组	95.9	87.9	90.9	89.7	88.0	88.1	92.32
不输氧组	90.9	77.9	85.5	83.3	81.4	79.6	81.25

3. 高海拔地区孵化的通风换气

（1）孵化机输氧。研究认为，对海拔高度在 1640 米以上高原地带孵化，由于低养分压所带来可利用率减少，可采取向孵化机内输氧措施，能显著提高孵化率 4%～7%。

（2）降低通风率。研究认为 5500 米高度上的孵化机通风率应从海平面上的 47.4 升/天·枚降到 6.3 升/天·枚。通风率的降低不仅节约了氧气及电能，也能维持适量的二氧化碳及一定的湿度，这都有益于雏鸡的出壳。

（3）低海拔地区种蛋移至高海拔地区孵化，可采取人工输氧，提高孵化温度和湿度［计算方法：湿度＝100－常规大气压/

760（100－常规孵化温度）〕以及降低孵化通水率的综合措施，有助于孵化率的提高。

四、翻蛋

（一）翻蛋的作用

有人观察，抱窝鸡 24 小时用爪、喙翻动胚蛋达 96 次之多。这是生物的本能。从生理上讲，蛋黄含脂肪多，相对密度较轻，胚胎浮于上面，如果长时间不翻蛋，胚胎容易粘连。翻蛋的作用主要有以下三方面：

1. 促进血管区及尿囊绒毛膜生长　采用游标卡尺及表面积自动记录仪测血管面积，结果不翻蛋及低温（36℃）对孵化第 7 天日龄胚胎血管区及第 14 日龄的胚重显著降低；低温孵化与不翻蛋的影响效果相似——均导致血管及胚胎发育迟缓。可能是因为不翻蛋就不能使局部的血压增高，从而不利于血管的发育。胚胎从卵黄囊中吸收营养的能力取决于血管区的大小，血管区的减小限制了对卵黄养分的吸收。血管区也是胚胎的主要呼吸膜，其面积的缩小还会减少胚胎的气体交换量，从而影响胚胎对氧气的摄取。

2. 促进蛋白的吸收　在一枚 62 克的鸡蛋中，蛋白占蛋内容物重的 62.9%。蛋白中含固体物 12%（4.1 克），其中几乎全部是蛋白质，鸡胚在很短的孵化期内要利用大量的蛋白质。其过程为：将蛋白转入羊水，由鸡胚咽下，经肠道消化吸收。已证实蛋是胚胎重量的养分来源，它在孵化过程中需经浆羊膜道流入羊膜腔，如不翻蛋，就不能使蛋白囊、卵黄囊与羊膜腔之间保持正确的位置，而引起浆羊膜道阻塞，蛋白也就不能顺利进入羊水，而影响其正常吸收并导致胚重显著降低。翻蛋能促进蛋白质进入羊水的假设也有助于解释某些禽不翻蛋的原因，因为其蛋白含量低且孵化期长，这就意味着在胚胎发育过程中不必迅速利用蛋白，因而也就不需要翻蛋。

3. 促进蛋内（胚胎）水的平衡　不翻蛋使孵化 12 天后的羊

水量显著减少，这最终会影响孵化后期胚胎的湿重，造成胚体失水。

（二）翻蛋的合理调节

1. 翻蛋次数及停止翻蛋时间　一般每天转蛋 6～8 次即可。实践中常结合记录温、湿度，每 2 小时翻蛋 1 次。也有人主张每天不少于 10 次，24 次更好。相对而言，第 1 至第 2 周转蛋更为重要，尤其第 1 周。有人对鸡进行试验，结果如下：

（1）孵化期间（第 1～10 天）不翻蛋，孵化率仅 29%；

（2）第 1～7 天翻蛋，孵化率为 78%；

（3）第 1～14 天翻蛋，孵化率为 95%；

（4）第 1～18 天翻蛋，孵化率为 92%。

机器孵化一般到第 18 天停止翻蛋和进行移盘。是否可以提前停止翻蛋并移盘，有人曾做过孵化第 16 天与第 19 天停止翻蛋并移盘的对比试验，结果前者受精蛋孵化率为 84.77%，后者为 82.77%，两者孵化率差异不显著。说明在孵化第 16 天停止翻蛋并移盘是可行的。这是因为孵化第 12 天以后，鸡胚自温调节能力已很强，同时孵化第 14 天以后，胚胎全身已覆盖绒毛，不翻蛋也不至于引起胚胎粘壳。提前停止翻蛋移盘，可以节省电力和减少孵化机机具的磨损，还可充分利用孵化机。

2. 翻蛋角度　鸡蛋翻蛋角度以水平位置左右各 45 度为宜，翻蛋时动作要轻、稳、慢。

五、晾蛋

晾蛋是指种蛋孵化到一定时间，关闭电热甚至将孵化机门打开，让胚蛋温度下降的一种孵化操作程序。其目的是驱散孵化机内余热，让胚胎得到更多的新鲜空气，有人认为还可以给予胚胎冷刺激，有利于胚胎发育。

（一）晾蛋方法

头照后至尿囊绒毛膜"合拢"前，每天晾蛋 1～2 次；"合拢"后至"封门"，每天晾蛋 2～3 次；"封门"后至大批出雏前，每天晾蛋 3～4 次。"封门"前（鸭、鹅至"合拢"前）采用不开门，关闭电热、风扇鼓风设施；"封门"后（鸭、鹅从"合拢"后）采用开门，关闭电热、风机鼓风乃至孵化盘抽出、喷水等措施。

（二）晾蛋时机的掌握

晾蛋并非必需的孵化工序，应根据胚胎发育情况、孵化天数、气温及孵化器性能等具体情况灵活掌握：

（1）如孵化机供温和通风换气系统设计合理，尤其有冷却设备，可不晾蛋，但也不排除在炎热的夏天、孵化后期胚蛋血温超温时，进行适当晾蛋；

（2）胚胎发育偏慢，不要晾蛋，以免胚胎发育受阻；

（3）大批出雏后，不仅不能晾蛋，还应将胚蛋集中放在出雏机顶层；

（4）孵化机通风换气系统设计不合理、通风不良时，晾蛋措施是必不可少的；

（5）鸭、鹅孵化一般需要晾蛋，尤其是孵化中、后期（"合拢"后至大批出雏前）。

第四节　机器孵化操作技术

一、孵化前的准备

1. 制订孵化计划　在孵化前，根据孵化和出雏能力、种蛋数以及雏鸡销售等具体情况，订出孵化计划，填入《孵化工作日程计划表》，非特殊情况不要随便变更计划，以便孵化工作顺利进行。

制订计划时，尽量把费力、费时的工作（如入孵、照蛋、移盘、出雏等）错开。一般每周入孵 2 批，工作效率较高。

2. 准备孵化用品　孵前 1 周一切用品应准备齐全，包括照蛋灯、温度计、消毒药品、防疫注射器材、记录表格和易损电器元件、电动机等。

3. 验表试机　孵化机安装或停用一段时间后，投入使用前要认真校正、检验各机件的性能。尽量将隐患消灭在入孵前。

（1）验表　孵化用的温度计和水银电接点温度计要用标准温度计校正。方法是将上述温度计及标准温度计插入38℃温水中观察温差，并贴上温差标记，如孵化用温度计比标准温度计低0.5℃，则贴上"＋0.5℃"。记录孵化温度时，将所观察到的温度加上0.5℃。

（2）检查温度、湿度系统

①水银导电表　松开磁钢固定螺丝，旋转磁钢，观察磁性转子是否与螺杆一起回转，铂金丝与水银柱应随磁钢的顺反旋转而分离或接触；仔细观察水银柱有无断裂；手握水银探头，看水银柱是否上升。如果导电表正常，将表调到所需要的温度后，一定要取下磁钢，以防孵化机运转时的震动造成磁钢紧固螺丝松脱，使磁钢抖动，影响定温值。有时在旋下磁钢时，定值也有所变化，因此，取下磁钢后要重新检查定值。

②控温系统　人为短接控温导电表或调节数显温度的定温值，使其≤测量值，加热管应停止加热，反之则应处加热状态。加热管工作状况可根据电流表所示电流大小来确定，若无电流表，则在开机几分钟后关机，人进入机内，手触加热管检查是否凉热不一。

③控湿系统　人为断开加湿水银导电表或调高数显定湿值，发出加湿信号后，检查加湿电热管或加湿电机是否工作。如果控湿探头为导电表水银探头，要检查探头下的水盒是否有水，包探头的纱布是否板结。还要检查浮球阀是否关闭灵敏，能否将水位控制在规定的高度上（水位一般调整到距水盘口15～20厘米处），水盘是否漏水。

④温度、湿度的稳定性　开机入孵一段时间后，检查温湿度能否稳定在设定值附近。

（3）检查风扇、风门系统

①风扇转向与转速　有些孵化机的风扇是按特定方向旋转的，停电后启动发电机或更换插头、插座、风扇电机时，往往会造成换相，风扇转向也就因此而改变，结果使气流紊乱而导致温差增大及通风不良，因此，出现这些情况时要注意检查风扇转向。

风扇皮带长期使用易受热拉长，从而降低转速，这时要调整风扇电机机座，使皮带松紧适度。调整时一定要注意使电机轮盘与皮带轮盘位于一个平面上，还要注意检查电机基座下行程开关是否被压住（压住时能听到一声"叭"声）。该行程开关可在皮带断开时起切断电机电源并发出报警信号的功能。

②风门　将风门旋钮从小到大的顺序逐一扭动，然后上机顶，检查风门大小与旋钮所处的位置是否相符。

（4）检查翻蛋系统　检查翻蛋摆动杆销轴上的开口销有无脱落，具有翻蛋减速箱的孵化机要检查箱内油面高度，如果低于油尺，应及时补油；检查减速蜗杆轴与涡轮之间以及蜗杆轴与月牙盘之间的咬合情况，若咬合松散，翻蛋时蛋架就会出现抖动；涡轮各齿面要保持良好的润滑状态，每3个月应该用油清洗并加黄油1次。

在记录温、湿度的同时，务必打开机门认真观察翻蛋的情况，因为控制板上的翻蛋次数仅能反映翻蛋计数器累计工作的次数，决不将此作为翻蛋正常的标志。

（5）检查冷却报警系统　人为降低温度定值，使孵化温度超出定值一定范围或人为短接超温报警用导电表，检查能否自动报警并启动冷却系统（如风冷电机、电磁阀等）。

4.孵化机的消毒　参见第三章第四节。

5.入孵前种蛋预热、消毒　参见本章第一节。

6.码盘入孵　将种蛋码在孵化蛋盘上称码盘。国外采用真空吸蛋器码盘。在国内，因孵化机（盘）类型颇多，规格不一，所以码盘还不能实现机械化。

　　一般整批孵化，每周入孵2批；分批孵化时，3～5天入孵一次，入孵时间在下午4～5点钟，这样一般可望白天大量出雏（以升至孵化温度的时间长短而定）。整批孵化时，将装有种蛋的孵化盘插入孵化架车推入孵化机中。若分批入孵，新蛋与先入孵的蛋应交叉放置。这样新老蛋可相互调温，使孵化机的温度较均匀。

　　码盘入孵时，一定要注明品种、数量、入孵时间、批次和入孵台号等。

二、孵化期的操作程序

　　1. 调温　孵化机控温系统，在入孵前已经校正、检验并试机运转正常，一般不要随意更改。刚入孵时，开门入蛋引起热量散失以及种蛋和孵化盘吸热，因此，孵化机机里温度暂时降低，是正常的现象。待蛋温、盘温与孵化机里的温度相同时，孵化机温度就会恢复正常。这个过程大约历时数小时（少则3～4小时，多则6～8小时）。即使暂时性停电或维修，引起机温下降，一般也不必调整孵化给温。只有在正常情况下机温偏低或偏高0.5℃～1℃时，才予调整，并密切注视温度变化情况。

　　每隔半小时通过观察窗里面的温度计观察一次温度，每2小时记录一次温度。有经验的孵化人员，还经常用手触摸胚蛋或将胚蛋放在眼皮上测温。必要时，还可照蛋，以了解胚胎发育情况和孵化给温是否合适。

　　2. 调湿　孵化机若使用水银导电表控湿时，要注意每36～48小时向水银探头下的水盒内定期加纯净水；如果湿度达不到设定指标则要看是否是因停水、进水口堵塞、水位低或加湿电机烧坏等何种原因所致。通常情况下，孵化期的最佳湿度是根据不同品种最佳失水率来确定；出雏期要注意提高湿度，一般保持在70％左右，在这种湿度下，开出雏机门时能感觉到有一股湿气扑面而来。低湿时往往绒毛飞扬，鸡体绒毛干黄，雏小雏弱。

3. 翻蛋　每 1～2 小时翻蛋 1 次。手动翻蛋要稳、轻、慢，自动翻蛋应先按动翻蛋开关的按钮，待转到一侧 45 度自动停止后，再将翻蛋开关板至"自动"位置，以后每小时自动翻蛋 1 次。但遇切断电源时，要重复上述操作，这样自动翻蛋才能起作用。

4. 照蛋　照蛋要稳、准、快，尽量缩短时间，有条件时可提高室温。照蛋时发现胚蛋小头朝上应倒过来。抽放盘时，有意识地上下倒盘。放盘时，孵化盘要固定牢，照蛋完毕后再全部检查一遍，以免转蛋时滑出。最后统计无精蛋、死精蛋及破蛋数，登记入表，计算受精率。

5. 移盘（落盘）　一般鸡胚孵至 19 天时，将胚蛋从入孵机的孵化盘移到出雏机的出雏盘，称移盘或落盘。具体掌握在约 10% 鸡胚"打嘴"时进行移盘。孵化 18～19 天，正是鸡胚从尿囊绒毛膜呼吸转换为肺呼吸的生理变化最剧烈的时期。此时，胚胎气体代谢旺盛，是死亡高峰期。推迟移盘，鸡胚在入孵机的孵化盘中比出雏机的出雏盘中，能够得到较多的新鲜空气，且散热较好，有利于胚胎度过危险期，提高孵化效果，也可以在孵化 16 天时移盘。

移盘时，如有条件应提高室温。动作要轻、稳、快，尽量减少碰破胚蛋。最上层出雏盘加铁丝网罩，以防雏鸡窜出。目前国内多采用"扣盘"等方法进行移盘。

出雏期间，用纸遮住观察窗，使出雏机内保持黑暗，这样出壳的雏鸡安静，不致因骚动踩破未出壳的胚蛋，从而影响出雏效果。

6. 雏鸡消毒　雏鸡一般不必消毒，只有出壳期发生脐炎时，才消毒，消毒方法见第三章第四节。

7. 捡雏与助产

（1）捡雏　在成批出雏后，待鸡雏绒毛已干时，进行捡雏。捡雏时动作要轻、快，大部分出雏后，将已"打嘴"的胚蛋集中，放在上层，以促进弱胚出雏。

（2）人工助产　对已啄壳但无力自行破壳的雏鸡进行人工出壳，称人工助产（现在一般大中型孵化厂不做此项工作）。一般在大批出雏后，将蛋壳膜已枯黄的胚蛋（说明该胚蛋蛋黄已进入腹腔，脐部已愈合，尿囊绒毛膜已完全干枯萎缩），轻轻剥离粘连处，把头、颈、翅拉出壳外，令其自行挣扎出壳。蛋壳膜湿润发白的胚蛋，不能进行人工助产，因其卵黄囊未完全进入腹腔或脐带未完全愈合，尿囊绒毛膜血管也未完全萎缩干枯，若强行助产，将会使尿囊绒毛膜血管破裂流血，造成雏鸡死亡或成为毫无价值的残弱雏。

8. 清扫消毒　出雏完毕（鸡一般在第 22 天胚龄的上半天），捡完健雏，最后捡出死胎（"毛蛋"）和残死雏，并分别登记入表，然后对出雏机、出雏室彻底清扫消毒（详见第三章第四节）。

三、孵化应急处理办法

1. 机器突然发生故障时的应急办法　孵化机突然发生故障，如果短时间内不能及时修复，则首先另开备用孵化机升温，并迅速转移故障机内的种蛋于备用孵化机内。

若无备用机，可利用出雏机应急。特别是当故障机内的种蛋孵化超过 11 天时，可直接转入出雏机，并将出雏机温度调至孵化温度（注意：最好将故障机门表温度计换到出雏机上，以保持两机温度完全一致）；当故障机的蛋胚龄在 11 天以内时，可将另一台孵化机内孵化第 11 天以上胚龄的蛋转入出雏机，而将故障机内胚龄 11 天以内的蛋转入该机。

2. 鸡雏出现大量窒息时的应急办法　孵化厂通常会对大量出的雏鸡多层叠放，密度大，有时为了保温，还加盖棉毯，这样容易造成鸡雏窒息，其应急处理办法为：打开吊扇和排气扇，加速室内空气循环，迅速疏散雏鸡盒，并按窒息程度将雏鸡分类存放，以免相互践踏。轻度窒息雏鸡每盒 80 只，中度窒息雏鸡每盒 60 只，较重窒息雏鸡每盒 40～50 只，然后放入温度为

37.0℃、相对湿度为 65%～70% 的出雏机内，开机，待雏鸡恢复正常后取出即可。实践证明，窒息雏鸡放入正常出雏条件下的出雏机内，比放在温度适宜的出雏室恢复正常的速度要快，而且效果要好。

3. 突然停电时的应急办法　若备有发电机，停电时可启动。在停电时应首先拉下总电闸刀。打开孵化机门或将门留有一缝隙，且将室温提高至 26℃～29℃，但不能低于 24℃。每 30 分钟转蛋一次。国内目前使用的孵化机型较多，孵化室保温、供暖条件不同，种蛋胚龄、孵化机中胚蛋的多少各异，所以，难以制定一个统一停电时的操作规程，应根据具体情况灵活掌握。一般在孵化前期要注意保温，在孵化后期要注意散热。孵化前期、中期，停电 4～5 小时，对孵化效果影响不大。但由于停电，风扇停转，导致孵化机中温差加大。切忌不能用孵化机"门表"的温度代表孵化机的温度，如果停电发生在孵化的中后期，必须用手感或眼皮测温，也可用温度计测量孵化机内不同空间点的温度，特别是最上几层胚蛋的温度。必要时，还可上下倒盘以至开门散热等措施，使胚胎受热均匀，发育整齐。

第五节　常见节能孵化法介绍

一、温水孵化法

温水孵化法，主要用温水作热源，提供保温箱，经人工调节温度和湿度，达到对种蛋孵化之目的。

这种方法具有投资少、收益大、成本低、劳动强度小、设备简单、操作方便、不需室内条件等优点。能孵化种蛋 300～360 枚，增加效益显著，很适合山区或条件差的农户生产。制作要求：

1. 保温箱　保温箱用木板制成，木板厚 1.2 厘米，保温层用纸浆板固定夹层，夹层用棉花塞紧。保温箱长 72 厘米，宽 54 厘米，高 65 厘米。夹层 7 厘米。将保温箱高 60 厘米分为 5 层：第 1 层（从上至下）为放置种蛋层 18 厘米，第 2 层供温层（门）12 厘米；第 3 层为放置种蛋层，也是 18 厘米，第 4 层供温层（门）同样 12 厘米，第五层是保温箱底部，保温层为 5 厘米。

供温层与放置种蛋层之间有 2 厘米厚的棉花，以防热源接触种蛋，同时为防止换瓶时蛋往下滑，必须放置蛋盘，蛋盘用木条和小绳子做成，长 58 厘米、宽 40 厘米，种蛋是固定的。

2. 热源　热源是温水。盛温水用的是医用葡萄糖瓶子，一只保温箱需瓶 20 个，每层 10 个，每正反面各 5 个，瓶口相对。瓶子准备适当后，盛满温水，橡胶盖要盖严。瓶子放入保温箱后，用干净棉花塞满平间的空间，以利保温。

3. 操作管理

①试温　经检查保温箱，确认一切合格，即可试温。取 20 个瓶子，分为两部分盛温水。第 1 部分 10 个盛温水温度 60℃，置于上供热层。第 2 部分 10 个盛温水温度 70℃，置于下供温层，分别装完后，将棉花铺在瓶子上，约 2 厘米（不太紧）。再放上蛋盘，并放入一支温度计，将棉被盖上，40 分钟后可达 39℃～40℃，为标准保温箱，试温合格即为结束。

②开始入孵　也就是将盖好的被子撤开，取出温度计，将选好的种蛋放入 38℃～41℃ 温水中适温并综合消毒，5 分钟后，取出放入蛋盘上，按每层 150 枚放好后，将温度计置于蛋表面，加上盖物即可。整个孵化期可不另加湿。孵化 1～10 天，每 2 小时换水 1 次。11 天以后每 6 小时换水 1 次，注入温水温度为 60℃。

二、沼气孵鸡法

用沼气热能孵鸡，一年四季都能安全出雏，具体方法如下：

1. 制造孵化箱　孵化箱由两部分组成，上部为孵化箱，下部为热能箱。上部箱体用纤维板或用木板制成，中间夹层填塞锯木屑、碎塑料泡沫或稻麦壳等材料作为绝热保温用。箱内设有转动式担架，共分 7 层，上下转动轴心，上面 6 层盛放蛋筛，底层放入一空竹匾起缓冲温度作用。正面有扇玻璃门，每个箱体可入孵种蛋 1000 多枚。下部热能箱四周用砖砌成，外部用石灰粉刷，内部砌成炉膛，放置沼气炉具，在上下连接处，装一层厚铁皮，上面铺草泥和草木灰，用以调节顶筛和底筛的温度，也可因地制宜制造孵化箱。

2. 孵化操作与管理

（1）消毒试温　孵化前要将种蛋、设备用具用 0.1% 浓度的高锰酸钾溶液进行消毒，用温度计试温 2~3 天后方能入孵。

（2）装筛上蛋　每箱最多 6 筛。最底层放一空筛，里面放 1 床棉被，用以调节缓冲温度。

（3）转筛　箱内有时温度不均匀，需隔 2~3 小时转筛 1 次。

（4）控制温、湿度　每隔 2 层放一温度计，每 3 小时测温 1 次，要掌握恒温入孵，每 5~6 天入箱一批，这样就能实现连续循环孵化，以解决种蛋不足问题。

（5）上摊床　种蛋孵化到 18~19 天时就将胚蛋从箱内移到摊床上继续孵化，每 2~3 小时调动边蛋、中蛋，如边蛋、中蛋温湿差小，可少翻 1 次，到 21 天时即可孵出小鸡。

三、纸箱孵鸡法

用纸箱孵化小鸡，每次可孵蛋 30~60 枚，方法简单，孵化率近 90%，适宜农户使用，技术要点如下：

1. 选种蛋　选择大小适宜、蛋壳厚薄适中，无裂纹霉点的新鲜蛋入孵。

2. 用具　小棉被 1 床，棉垫 1 块或几块坐垫，温度计 1 个，长 1 米、宽 0.5 米、深 15 厘米的纸箱 1 个，如无纸箱可用木板制的四方框代替。

3. 温度　用火炕作热源，把纸箱放在炕头，棉垫放在箱内，温度计和小棉被也放在箱内盖好。待箱内温度达到 38℃时将种蛋摆在箱内，最多不超过 2 层，盖好棉被及箱盖开始孵化。入孵 1~8 天，箱内温度控制在 39℃；入孵第 9~21 天，箱内温度控制在 38℃。调温的方法是，温度高了可打开箱盖放热气，并用木块把纸箱稍稍垫起；如温度不足可把炕烧热些。

4. 湿度　在入孵第 1～2 天，为使蛋内水分蒸发及胚胎受热均匀，湿度应保持在 60%～65%，室内地面每天可洒水 3～4 次；第 13～17 天种蛋内需多蒸发些水分，湿度要降至 55%～60%，每天洒水 2 次；第 18～20 天种蛋内有大量热量需要释放，因此湿度应大些，可保持在 60%～70%，每天除洒水 3 次外，还需用水喷雾种蛋 1～2 次。

5. 翻蛋　为使种蛋受热均匀，要定时翻蛋，入孵第 1～8 天，每隔 2～3 小时翻蛋 1 次，并要调换位置，即中间的种蛋调到边缘，边缘的调到中间；第 9 天以后，每隔 2 小时翻蛋 1 次。

6. 晾蛋　入孵第 10～18 天，每天开箱晾蛋 1 次，每次15～20 分钟。

7. 照蛋　入孵第 5～6 天、11～12 天和第 19 天各照蛋 1 次。

8. 破壳　孵到第 20 天的下午到第 21 天上午，有少数雏鸡便破壳而出，但有 部分需人及时辅助剥开，一般当壳内无血、无蛋黄时剥壳最合适。如剥早了，把蛋糊上纸放回箱内，让鸡雏再自行脱壳出来为好。

四、简易煤油灯孵化法

木器制作的孵化箱，利用煤油灯产生热量，经人工调节温度和湿度，出雏率可达 92%～96%，健雏率 97%。每个孵化箱成本60 元，装蛋 1440 枚。一昼夜耗煤油 400 克，每只小鸡成本合0.03 元。用这种孵化箱孵鸡，投资小，收益大，设备简单，操作方便。

1. 孵化箱的构造　孵化箱是一个长方体的保温保湿设备。主要有带夹层的箱壁、四根横向杆、一根纵向杆、四根烟道管及蛋架、取鸡门组成。作为热源的煤油灯放在两边箱外的烟道管口下边，供湿的水盆放在箱体锯末上。

孵化箱长 200 厘米、宽 106 厘米、高 103 厘米，箱的正面和背面各由 6 根 3 厘米×6 厘米长的木质立柱支撑。其中间的 4 根立柱支撑四根横向杆，用作放蛋架，横向杆距地面 71 厘米。箱的两侧中间用 1 根立柱支撑 1 根纵向杆，为翻蛋所用，纵向杆距地面 63 厘米。

立柱的两侧钉纤维板或胶合板，形成 7~8 厘米的夹层，内装干锯末保温。蛋架放在横向杆上，向纵向杆一侧倾斜呈 30 度角时，翻蛋时再向另一侧倾斜 30 度角，两侧共 60 度角。

正立面有 2 个 40 厘米×50 厘米的取鸡门，同时用于加湿。平时禁闭，防止扩散湿度。蛋架大小是根据鸡蛋大小设计的。放种蛋的蛋架边框长 71 厘米，宽 36 厘米，高 6 厘米。框的短边底部中间开半圆槽或方槽，以利于横向杆上放置。框内用 14 号铁丝上下分两层做成蛋格，上层铁丝间隔 4.5 厘米，下层铁丝间隔 2.5 厘米。每蛋架共用铁丝 42 根，铁丝一定要拉紧。蛋架用木板分成 3 格，每格 5 个蛋行，一行放 8 枚蛋，每架 120 枚蛋，每箱叠 3 层架 4 排，共 12 个，可放蛋 1440 枚；如叠 4 层则可放 16 个蛋架，1920 枚蛋。

孵化箱两侧各通有两条斜度约 15 度，直径 4.5~5.0 厘米的烟道管，用薄铁皮卷制而成。四条烟道管在箱内成一定角度交叉。烟道管入口距箱底 12.5 厘米，由下向上对侧箱壁通出箱外，出口距地面 58~62 厘米，烟道管入口处箱外放置煤油灯，作为孵化热源。每侧两盏，共放 4 盏。煤油灯火焰高度要与烟道管进口相平。烟道管与箱壁结合处用泥抹好，防止铁皮烫坏箱壁。为使烟道中煤油燃尽，在铁皮烟道管口处，加直径 5 厘米的纸筒，充分利用热源和排除少量余烟。煤油灯可用废罐头瓶制作，灯芯长 9 厘米，粗 0.7 厘米。

在箱底锯末上放置两个清水盆，并把毛巾蘸湿，一半浸在水盆内，一半搭在烟道管上。通过毛巾蒸发水分供给湿度。温度越高，蒸发越快，使温度和湿度保持相对平衡。

孵化时须注意，孵化箱内要用纸将所有缝隙糊严，外边用竹帘、棉被或棉毯覆盖，箱底铺 10 厘米厚的干锯末。

每个孵化箱需 0.1 立方米木料，6 块纤维板，1 张 0.5 毫米铁皮，一块棉毯，一条棉被，4 个煤油灯，2 个水盆，2 块毛巾，4 支 100℃ 温度计，1 支干湿球温度计及一般孵化室常设的消毒用品、容器、检蛋照明设备等。

2. 孵化操作程序

(1) 准备工作　入孵前先把煤油灯点着，如出烟不顺，可在箱内放两个开水盆或煤油炉。待烟顺出后，即可取出。同时，将箱内加湿用具中添满水，闭上门，盖好箱盖，使箱温维持在 39℃。提前 6～10 小时，预热孵化箱。

(2) 入孵操作

①检蛋　用照蛋器检查种蛋，剔去气室大、沙皮蛋、沙眼蛋、钢皮蛋、响壳蛋、腰带蛋、过大或过小、过圆或过长等不符合标准的蛋。

②消毒　将入孵蛋浸入 40℃～42℃ 的 0.5% 高锰酸钾溶液中，1 分钟取出。

③升温　把消毒后的种蛋装入筛内浸入 40℃ 水锅 15 分钟，同时洗去蛋壳上的污物。清洗时严防打破或擦破壳上膜，防止微生物侵入。

④装架　以大头朝上，小头朝下，不松不紧摆到蛋架内，较大的蛋摆在中间，防止上下挤压而破裂。

⑤入孵　将装好蛋的蛋架轻轻依次摆入孵化箱的横向杆上，向一侧倾斜。在箱内两头蛋架上各放一支 50℃ 温度计，箱顶覆盖毯被。此时室温应保持在 20℃ 左右。

(3) 循环式生产流程　21 天分 3 次或 4 次放蛋，每次放 480 枚，使 3 批或 4 批蛋温互补。形成 21 天时第一批蛋全部出壳后，每隔 7 天出一批鸡雏的生产流程。

五、电褥子孵化法

电褥子控温孵化法是利用电子继电器及水银导电表控制电褥

子来进行孵化的方法。该法孵化温度稳定、操作简单、成本低廉，孵化效果较高，是农村小规模孵化常见的方法之一。

1. 孵化前准备工作

（1）备好用具　如水银导电表、电子集电器、电褥子、木框、棉被、棉毯、塑料薄膜、温度计以及种蛋等。

（2）做好孵化摊床　此法孵化是在炕上进行，可根据电褥子大小做一个高 15 厘米的四边形木框。以此木框为蛋盘的支架，在木框内自上而下依次平铺约 2 厘米厚的棉被、电褥子、2 厘米厚的棉褥子、一层塑料薄膜及准备覆盖蛋面的 2 层棉毯和 2 层棉被。电褥子的铺垫物以厚为好，这样能防止因种蛋与电褥子内电热丝的距离不同而造成孵化温差较大，从而影响孵化效果。

（3）连接好控温线路　按照电子集电器接线图接好线路。

2. 孵化期管理

（1）孵化摊床预热　上蛋前应接通电源，温度设定为 40℃，预热 3～4 小时。

（2）种蛋消毒　将选好的种蛋用 35℃～40℃、0.05％高锰酸钾水溶液浸泡消毒 1～1.5 分钟，晾干后即入孵。

（3）孵化温度　采用 1 次，变温孵化。当室温为 16℃～22℃时，第 1～4 天孵温 38.5℃，第 5～10 天 38.2℃，第 11～12 天 38.0℃，第 13～15 天 38.7℃，第 16～22 天 37.5℃。

在孵化时应注意，控温导电表的探头要与种蛋一样触及铺垫好的薄膜上，但应离种蛋一定的距离（1.0 厘米）并用测温计认真测量蛋盘不同部位的蛋温是否合适。如果停电时则应把蛋盘向温度高的方向移动。应每天检查蛋温 12 次以上，以防超温。一般每隔 4 小时翻蛋 1 次，照蛋与常规孵化相同。此法孵化时孵化后期胚胎产热较多，应及时减少蛋面覆盖物。

六、电火两用温室孵化法

电火两用温室孵化法是利用室内烧炕散热并通过水银导电表控温来孵化的，它既克服了电孵机因停电而影响孵化的缺点，又解决了炕孵法孵化温度难以掌握的问题，更重要的是降低了孵化成本。它具有取材方便，制作简单，造价低廉，省劳力孵化率高等优点，对供电不正常或无供电保证的孵化专业户特别适用。

1. 孵化设备及其用具的准备

（1）孵化温室　要求保温性能良好，外墙可采用 24 厘米的空心砖墙，内填锯末保温，室内面积约 20 平方米，墙壁设有通气口，门口最好建门斗，以缓冲冷空气进入。

温室内地面搭圆盘式地炕，其方法是：在室外低于地平面的墙边修一较长火炉，烟道由地下通入圆盘炕的烟道，由内向外盘旋而出，从最外圈叉开通入墙角砌的烟囱。由于烟道较长且呈盘旋状，故烟囱建造要高，以增加气压差。火道间隔由砖制成，上铺红砖并用石灰或水泥砂浆勾缝。圆盘炕中心口扣一铁皮制成的密闭式散热装置。

（2）孵化蛋架　按八角式孵化机的结构用钢材制作孵化架。架中心穿一根直径 8 厘米的钢管，作为翻蛋轴，平放时，架底距地面 50 厘米。孵化盘以木板为框架，穿以直径 2 毫米的铁丝制成。

（3）其他用具　电子集电器及水银导电表一套，2～3 千瓦电炉 4 个或用同功率电热管代替，水盆若干，温度计、湿度计各 2 支。

2. 控温预试　先将孵化蛋架固定好，门、窗、通气口密闭，然后烧炕升温。若在不用电炉补温的情况下，仅靠火炕散热即能使室温升至 30℃以上，说明火炕的性能较为理想。

室温合格后，将水银导电表放在离地面 1.0～1.2 米的位置，各墙角放一电炉，4 个电炉通过交流接触器接在电子继电器及水银导电表上，电子继电器接电源。将导电表调到孵化所需的温度时，电炉即断电；当低于所控制的温度时，电炉接通。室温的主要来源是地炕通过地炕的散热以及 4 个角电炉的补温，能使室内各点温度基本一致。一旦停电，可采用加大炉火等办法来保证孵化温度的基本稳定，孵化效果一般不会受明显影响。

七、火炕孵鸡法

1. 设备　选择向阳房子，屋顶糊上顶棚，有北窗的要堵严。搭炕时每隔 0.7～1 米留一个火道，每个火道留个火门，供烧炕用。为了保持炕温，停火后要把炕门堵严。炕上铺 4 厘米左右厚的麦秸，再铺上席子，把放有种蛋的筐笟放在席上。炕孵还要做好"摊"。摊架横设在暖房上空，根据房的高矮可设一层摊或二层摊。下层摊离炕约 1.3 米高，上层摊距下层摊约 60 厘米，长度和房的长度相等。一般上摊宽 1.75 米、下摊宽 2 米，摊架和前后墙之间要留出 60～100 厘米的空地，以便操作。"摊"可用高粱秆编成帘横扎于摊架上，上面铺一层厚纸，然后铺一层 3 厘米厚的麦秸或软稻草，摊边应高些，以防小鸡跌落。此外，还要准备好炕被，温度低了盖棉被，温度较高盖单被。

2. 管理　孵化前先把炕烧好，炕面各处温度均要达到 37.8℃～38℃。其次是烫蛋，将选好的种蛋放在 25℃ 的温水中搅动，大约 6 分钟取出擦干放入筐笟中，盖上棉被。

鸡蛋在炕上孵化 11 天，每天烧炕 2 次，翻蛋倒筐笟 3～4 次，并采取移动位置、远离火道和凉蛋等办法，使蛋受热均匀。从第 11 天起，蛋就从炕上移到摊上，摊成 2 层，孵化第 11～16 天在上层，第 17 天到出雏在下层。室内温度要保持在 32℃ 上下，每天要翻蛋 3～4 次，翻完后将摊条围好，盖上被子，孵化到 20 天即可停止翻蛋。孵化期要注意随时检查温度，到热烘烘的略有点烫意即为正常；如过烫就应撤去被子，必要时可向蛋上喷些温水，以降低温度；如感到不烫或很凉，说明温度偏低，应及时加盖棉被或生火增温。暖房湿度要保持在 50%～60% 之间，可采用地面上喷水的方法来调节。将要出雏时，如湿度不足可在蛋面上喷些温水。如有大风、寒流等，要及时关闭门窗或临时增加炉火，以保持温度。在孵化过程中，还要验蛋 2～3 次，第 1 次验蛋在第 7～9 天进行，如气室在打头顶尖处就是正常蛋；第 2 次验蛋在第 14 天进行，主要是将中途发育停止的蛋取出。鸡雏出壳时室温应保持在 32℃。在正常情况下，第 20 天即可"见嘴"，第 21 天出雏。

第六节　孵化效果的检查

一、孵化效果的检查与分析

（一）检查范围

1. 种蛋

（1）种鸡　如种鸡是否健康、防疫，鸡龄是否过大，饲喂的饲料营养是否全价，种鸡产蛋率、受精率是否正常，等等。

（2）蛋壳品质　如种蛋形状大小、蛋壳颜色是否符合品种标准，蛋壳的光泽、薄厚是否符合孵化要求等。

（3）种蛋保存与运输　如果种蛋贮存温度过高，胚胎发育则可能提前，或者造成孵化早期死亡增加；温度过低会冻裂蛋壳，冻死胚盘，甚至引起系带断裂、散黄；贮存时间过长会使胚胎气室增大，胚盘与蛋壳膜粘连。同时，种蛋运输过程中的剧烈震动也会造成其系带断裂、散黄、气室移动，甚至震破蛋壳。这些都会影响孵化效果。

2. 孵化机

（1）温度与控温系统　孵化机内温差是否过大；门表温度计是否准确；各孵化阶段实际孵化温度是否符合设定的要求；超温报警系统是否灵敏；有无超温现象出现；等等。

（2）通风换气系统　孵化机是否装有排气管道；结构是否符合要求；孵化第 14 天以后通气孔是否全部打开；风扇转向、转速是否合理；风扇皮带电机运转是否正常；等等。

（3）翻蛋　孵化第 15 天以前的翻蛋角度、次数是否符合要求等。

（4）其他　孵化过程中有无机器故障、停电情况的发生；若有发生，则发生时的胚龄、持续时间及应急措施如何；室内通风、室温是否符合要求；孵化机使用前是否严格消毒；等等。

3. 孵化技术

(1) 孵化操作　仔细查阅孵化记录，了解在整个孵化过程中是否提供了适宜的孵化条件。特别是孵化机温度记录尤为重要。

(2) 孵化人员　是否掌握并切实运用了"看胎施温"技术，是否如实地记载整个孵化期间发生的实际情况，有无过失性责任事故，责任心是否较强。

(二) 检查方法

1. 照蛋检查　用照蛋灯透视胚胎发育情况，方法简单，效果好。一般整个孵化期进行1～3次。

(1) 照蛋的目的和合适时间　除上述3次照蛋之外，还可在孵化第3、第4、第17、第18胚龄进行抽验。这对不熟悉孵化机性能或孵化成绩不稳定的孵化厂，更有必要。对孵化率高又稳定的孵化厂，一般在整个孵化期中，仅在第7天照蛋1次即可，孵化褐壳种蛋，可在第10～11天进行照蛋。

照蛋的主要目的是观察胚胎发育情况，并将此作为调整孵化条件的依据，结合观察，挑出无精蛋、死精蛋或死胎蛋。头照挑出无精蛋和死精蛋，特别是观察胚胎发育是否正常。抽验仅抽查孵化机中不同点的胚蛋发育情况。二照在移盘时进行，挑出死胎蛋。一般头照和抽验作为孵化条件的参考，二照作为掌握移盘时间和控制出雏环境的参考。

(2) 正常胚蛋与异常胚蛋辨别

①正常活胚蛋　剖视新鲜的受精蛋，肉眼可看到蛋黄上有一中心部位透明、周围浅暗的圆形胚盘（有明显的明暗之分）。头照可明显看到黑色眼点，血管呈放射状，蛋色暗红。抽验时，尿囊绒毛膜"合拢"，整个蛋除气室外布满血管。二照时，气室向一侧倾斜，有黑影闪动，胚蛋黯黑。

②弱胚蛋　头照胚体小，黑眼点不明显，血管纤细，或看不到胚体和黑眼点，仅仅看到气室下缘有些纤细的血管。胚蛋色浅

红。抽验时，胚蛋小头淡白（尿囊未合拢）。二照时，气室比发育正常的胚蛋小，且边缘不整齐，可看到红色血管，因胚蛋小头仍有少量蛋白，所以照蛋时，胚蛋小头浅白发亮。

③无精蛋（俗称"白蛋"）　剖视新鲜蛋时，仅见一圆形透明度一致的胚珠。照蛋时，蛋色浅黄、发亮，看不到血管或胚胎。蛋黄影子隐约可见。头照多不散黄，二照以后散黄。

④死精蛋（俗称"血蛋"）和死胎蛋（俗称"毛蛋"）　头照只见黑色的血环（或血点、血线、血弧）紧贴壳上，有时可见到死胚的小黑点贴壳静止不动，蛋色浅白，蛋黄沉散。抽验时，看到很小的胚胎与蛋黄分离，固定在蛋的一侧，蛋的小头发亮。二照时，气室小而不倾斜，其边缘模糊，色粉红、淡灰或黑暗。胚胎不动，见不到"闪毛"。

⑤破蛋　照蛋时可见裂纹（呈树枝状亮痕）或破孔，有时气室跑到一侧。

⑥腐败蛋　整个蛋色褐紫，有异臭味，有的蛋壳破裂，表面有很多黄黑色渗出物。

（3）胎位检查　在正常情况下，不同来源的鸡胚蛋在孵化第20天时都有不同的异位胚胎发生率，某些异位胚蛋能正常出壳。在检查胎位时，先确定胎位是否正常（正常胎位：头朝向蛋大头并位于右翅下，两脚屈曲，紧贴腹部），然后检查各种异为胚的比率。

2. 蛋在孵化期间的失重检查　在孵化过程中，由于蛋内水分蒸发，胚蛋逐渐减轻，其失重多少，随孵化机中的相对湿度、蛋重、蛋壳质量（蛋壳水汽通透性）及胚胎发育阶段而异。

孵化期间胚蛋的失重不是均匀的。孵化初期失重较小，第二周失重较大，而第17～19天（鸡）失重很多。第1～19天，鸡蛋失重约为12%～14%。蛋在孵化期间的失重过多或过少均对孵化率和雏鸡质量不利。可以根据失重情况，间接了解胚胎发育和孵化的温湿度。

蛋失重测量方法：见本章第二节。一般有经验的孵化人员，还可以根据种蛋气室的大小以及后期发育是否正常来判断。但有时在相同湿度下，蛋的失重可能相差很大，而且无精蛋和受精蛋的失重并无明显差别。所以不能用失重多少作为胚胎发育是否正常或影响孵化率的唯一，仅作参考指标。

3. 出雏检查

（1）出雏的持续时间　孵化正常时，出雏时间较一致，有明显出雏高峰，俗称出得"脆"，一般21天全部出齐；孵化不正常时，无明显的出雏高峰，出雏持续时间长，至第22天仍有不少未破壳的胚蛋。

（2）观察初生雏　主要观察绒毛、脐部愈合、精神状态和体形等。

①健雏　绒毛洁净有光，蛋黄吸收良好，腹部平坦。脐带部愈合良好、干燥，而且被腹部绒毛覆盖。雏站立稳健有力，叫声洪亮，对光和声音反应灵敏。体形匀称，不干瘪或臃肿，显得"水灵"，而且全群整齐。

②弱雏　绒毛污乱，脐带部潮湿带血污、愈合不良，蛋黄吸收不良，腹大拖地。雏站立不稳，常两腿或一腿叉开，两眼时开时闭，精神不振，显得疲乏不堪，叫声无力或尖叫呈痛苦状。反应迟钝，体形臃肿或干瘪，个体大小不一。

③残雏、畸形雏　弯喙或交叉喙。脐部开口并流血，蛋黄外露甚至拖地。脚和头部麻痹，眼瞎扭脖。雏体干瘪，绒毛稀短焦黄（俗称"火烧毛"）等。

4. 病理解剖死雏（胎）检查

（1）病理解剖　种蛋品质差或孵化条件不良时，死雏或死胎一般表现出病理变化。维生素 B_2 缺乏时，出现脑膜水肿；缺维生素 D_3 时，出现皮肤浮肿；孵化温度短期强烈过热或孵化后半期长时间过热时，则出现充血、溢血现象等。因此，应定期抽查死雏和死胎。检查时，首先从外表观察，尤其蛋黄吸收情况、脐部愈合状况。死胎要观察啄壳情况（是啄壳后死亡，还是未啄壳，啄壳洞口有无黏液，啄壳部位等），然后打开胚蛋，判断死亡时的胚龄。观察皮肤、绒毛、内脏胸腔、腹腔、卵黄囊、尿囊等有何病理变化，如充血、出血、水肿、畸形、雏体大小、绒毛生长情况等等，初步判断死亡时间及其原因。对于啄壳前后死亡或不能出雏的活胚，还要观察胎位是否正常。

（2）微生物检查　定期抽验死雏、死胎及胎粪、绒毛等，做微生物学检查。当种鸡群有疫情或种蛋来源较混杂或孵化效果较差时更应取样化验，以便确定疾病的性质及特点。

（三）影响孵化效果的因素

一般当遇到孵化效果不理想时，往往从孵化技术、操作管理上找原因，因很少或不去追究孵化技术以外的因素。实际上孵化成绩受多种因素的影响。如种鸡质量（健康、饲料、遗传、管理、环境、月龄）；种蛋管理（选择、消毒、保存、运输）；孵化条件（温度、翻蛋、湿度、通风、卫生）；等等。

（四）孵化期胚胎死亡分布规律

据研究，无论是自然孵化还是人工孵化，是高孵化率或低孵化率的鸡群，胚胎死亡在整个孵化期都不是平均分布的，而是存在着两个死亡高峰：第一个高峰出现在孵化前期，鸡胚在孵化第3～5天，第二个高峰出现在孵化后期，鸡胚在孵化第18天以后。一般来说，第一个高峰的死胚率约占全部死胚数的15%，第二个高峰约占50%。但是，对高孵化率鸡群来讲，鸡胚多死于第二个高峰，而低孵化率鸡群，第一个、第二个高峰期的死亡率大致相似。

第一个死亡高峰正是胚胎生长迅速，形态变化显著时期，各种胎膜相继形成而作用尚未完善。胚胎对外界环境的变化很敏感，稍有不适，胚胎发育便受阻，以至夭折。第二个死亡高峰正处于胚胎从尿囊绒毛膜呼吸过渡到肺呼吸时期。胚胎生理变化剧烈，需氧量剧增，其自温猛增，传染性胚胎病的威胁更突出。对孵化环境（尤其氧）要求高，若通风换气、散热不好，势必有一部分本来较弱的胚胎不能顺利破壳出雏。孵化期其他时间死亡，主要是受胚胎生活力的强弱所左右。

自然孵化的情况下，胚胎死亡率低，而且第一个、第二个高峰期死亡大体相同，主要是内部因素的影响。而人工孵化，胚胎死亡率相对较高，特别是第二个高峰更显著。胚胎死亡是内外因素共同影响的结果。从某种意义上讲，外部因素是主要的。内部因素对第一个死亡高峰影响大，外部因素对第二个死亡高峰影响大。

（1）内部因素　影响胚胎发育的内部因素是种蛋内部的品质（胚盘、蛋黄、蛋白），它们是由遗传和饲养管理所决定的。

（2）外部因素　包括入孵前的环境（种蛋保存）和孵化中的环境（孵化条件）。

一般胚胎的死亡原因是复杂的，较难确认。归于某一因素是困难的，往往是多种因素共同作用的结果。

（五）胚胎各期死亡原因

1. 胚胎早期（孵化第 1～7 天）死亡　此时期死亡主要与遗传、种鸡的健康状况、种蛋贮存及孵化条件等有关。

早期死亡也受鸡龄、种蛋贮存时间与母鸡遗传品系的交互影响。试验表明，来自老年鸡群且贮存时间较长的种蛋早期死胚率最高（16.12%），而来自青年鸡群且贮存时间较短的种蛋早期死胚率最低（2.48%）。

另外，种蛋的受精率与早期死胚率也有关联——受精率越低，早期死胚率越高。

多种因素可导致染色体畸形，肉鸡及蛋鸡早期死胚当中分别有 4.4%～28.1% 及 7.4%～25.0% 归因于染色体畸形；染色体畸形占总受精蛋的比例在肉鸡为 0.7%～3.7%，蛋鸡为 0.7%～3.4%。

孵化厂内造成胚胎早期死亡的原因有：

贮蛋条件不正常（一般要求在 16℃～17℃ 环境中贮存不超过 7 天）；消毒不当（如熏蒸剂量不正确、在入孵后的 24～96 小时期间熏蒸等）；蛋盘设计不合理（如蛋盘间距过小）而造成种蛋破损或因翻蛋系统故障而造成的长时间不翻蛋或翻蛋角度不正常；孵化机温度过高或波动太大。

孵化厂外造成胚胎早期死亡的原因有：

种鸡舍受到污染（如窝外蛋）；因产蛋箱设计不合理或操作不当而造成蛋破裂；集蛋不及时或鸡抱窝造成种蛋在贮存之前即已开始发育；蛋壳质量差；饲料中添加某些药物（如球虫净）或用药方法不当；营养问题（如缺乏维生素 A、维生素 E、生物素等）；种鸡感染新城疫、传染性支气管炎等疾病；受精率低；来源于饲料等渠道的毒素。

2. 胚胎中期（孵化第 8～14 天）死亡　此时期死亡率一般较低，出现死亡主要是由通风、温、湿度不当造成的。

3. 胚胎后期（15～21 天）死亡　此时期死亡主要与种蛋的贮存、运输、孵化条件、蛋壳质量等因素有关。

孵化厂内造成胚胎后期死亡的原因有：

入孵前贮存期过长，贮存温度不适宜；孵化温度、湿度不当；孵化机或孵化室通风不良；小头向上孵化；孵化头两周翻蛋不正常；落盘时蛋破裂；等等。

孵化厂外造成胚胎后期死亡的原因有：

种蛋受到污染；种鸡患有新城疫、传染性支气管炎、鸡白痢等疾病；蛋壳质量差；营养问题（如缺乏锰、生物素、维生素 B_{12} 等）。

4. 闷死壳内　原因有：出雏时温度、湿度过高，通风不良；胚胎软骨畸形，胎位异常；卵黄囊破裂，颈、腿麻痹软弱；等等。

5. 啄壳后死亡　原因有：若洞口多黏液，是高温高湿；第 20～21 天通风不良；在胚胎利用蛋白时遇到高温，蛋白未吸收完，尿囊合拢不良，卵黄未进入腹腔；移盘时温度骤降；种鸡健康状况不良，有致死基因；小头向上入孵；孵化期前两周内未翻蛋；第20～21天孵化温度过高，湿度过低；等等。

（六）孵化中出现胚胎粘壳的原因及对策

粘壳是家禽孵化常见的一种病理现象，粘毛鸡表现为蛋质吸收不良，蛋清将胚胎或初生雏鸡的头、眼、颈背、腿及尾粘连在蛋壳上。

胚胎发生粘壳后，胎儿不易转身，气室下缘平齐，雏鸡往往在蛋的中央及小头啄壳，造成出壳困难，多数发生死亡。有的虽挣扎出壳，但胎位不正，雏鸡发育不良，生活能力低下，育雏期容易死亡。因此在孵化工作中找出产生粘壳的原因，进而采取有效措施达到避免粘壳现象，是孵化工作中应注意的问题。

1. 孵化中产生粘壳的原因

（1）孵化期供温不适当是产生粘壳的主要原因，孵化期超温致使蛋清过热凝结呈胶状，酶无法正常活动。且胚胎的尿囊血液循环因超温不能伸展到胚蛋小头而合拢。同样孵化温度偏低，胚胎发育慢，在10至11胚龄时，尿囊血液循环也达不到胚蛋小头。这样胚蛋小头就有一部分蛋清未被尿囊血管网包围，这部分蛋清在以后的胚胎发育中就不被胚胎利用而最终成为粘壳的物质。

（2）孵化中湿度过低也是造成粘壳的原因，湿度过低蛋内水分蒸发过多，胚蛋过分干燥，容易引起胚胎和壳膜粘连，啄壳雏鸡的喙粘在新啄的蛋壳上，雏鸡头就不能自由转动，就并发一定程度的脱水，造成死亡。

（3）翻蛋角度大小与粘壳的产生也有一定关系，因为蛋黄脂肪含量高，相对密度较轻，总是浮于蛋的上部，而胚盘相对密度又小于蛋黄相对密度，胚盘又始终浮在蛋黄上面。如果翻蛋角度不足时，除了使蛋黄与蛋壳膜发生粘连，还使绝大部分的胚胎浮在蛋的上部，胚胎的尿囊血管伸展不到胚胎小头，这样小头的蛋清就如同上述情况一样不被胚胎利用而成为粘壳物质。

2. 防止产生粘壳的措施

（1）适当的孵化温度及相对湿度是防止粘壳发生的关键措

施。一般来讲，在一定的温度范围内，温度偏高则胚胎发育快，反之则慢。而且胚胎发育时期不同，对外界温度要求不一样，这就要求我们在孵化工作过程中必须掌握禽蛋的胚胎发育规律及它需要的各种条件，才能搞好孵化生产。

胚胎代谢所产生的代谢热能是随胚龄的增长而增强的，胚胎发育早期产生的代谢热能是有限的，有人研究鸡胚孵化至第10天时，蛋内温度比孵化机内温度高0.4℃。第15天时高1.3℃，第20天时高1.9℃，而孵化末期则高3.3℃，所以从胚胎发育的生理代谢看，胚胎前期处于代谢低级阶段应给予较高温度。随胚龄的增长自温能力不断增强而相应地给予较低温度是适宜的。同时适当的湿度对温度又有调节作用，孵化初期使胚胎受热良好，后期又有益于胚胎散热。在孵化时注意孵化机上中下、左中右及边缘与中心的温差不应大于0.28℃，在停电及孵化机出现故障时，要按胚蛋本身温度给温，同时防止蛋架上中心蛋过热。

（2）合理的翻蛋角度是防止发生粘壳的重要因素：通过多次试验，加大翻蛋角度有益而无害，翻蛋角度在30度时，受精蛋孵化率为68.2%；在60度时，孵化率为78.5%；在90度时，孵化率为84.7%。鸡蛋的翻蛋角度以水平位置左右45度为宜。

（七）种蛋、鸡胚、初生雏三者之间生物学关系

见表5—10。

表5—10　种蛋、鸡胚和初生雏三者之间生物学关系一览表

种蛋		照蛋			死胎	初生雏
		5～6胚龄	10～11胚龄	19胚龄		
维生素A缺乏	蛋黄淡白	无精蛋多，死亡率高（2～3）天，色素沉着少	胚胎发育略为迟缓	发育迟缓，肾有磷酸钙、尿酸盐沉淀物	眼肿胀，肾有磷酸钙等结晶沉淀物。有活胎无力破壳	出雏时间延长，有很多瞎眼、眼病的弱雏

种蛋		照蛋			死胎	初生雏
		5～6 胚龄	10～11 胚龄	19 胚龄		
维生素 B_2 缺乏	蛋白稀薄，蛋壳表面粗糙	死亡率稍高，第一个死亡高峰出现在 1～2 胚龄	胚胎发育略为迟缓。第 9～14 胚龄出现死亡高峰	死亡率增高，死胚有营养不良特征。软骨、绒毛卷缩呈结节状	胚胎有营养不良特征，躯体小，关节明显变形、颈弯曲、绒毛卷缩呈结节状、脑膜浮肿	侏儒体形，绒毛卷缩呈结节状，雏颈和脚麻痹，趾弯曲
维生素 D_3 缺乏	壳薄而脆，蛋白稀薄	死亡率稍增加	尿囊发育迟缓，第 10～16 胚龄出现死亡高峰	死亡率显著增高	胚胎有营养不良特征，皮肤水肿，肝脏脂肪浸润，肾脏肥大	出雏时间拖延，初生雏软弱
蛋白中毒	蛋白稀薄，蛋黄流动			死亡率增高，脚短而弯曲，鹦鹉喙，蛋重减少多	胚胎营养不良，脚短而弯曲，腿关节变粗鹦鹉喙，绒毛基本正常	弱雏多，且脚和颈麻痹

种蛋		照蛋			死胎	初生雏
		5～6 胚龄	10～11 胚龄	19 胚龄		
种蛋保存时间长	气室大，系带和蛋黄膜松弛	很多胚死于头 2 天，剖检时胚盘表面有泡沫	胚发育迟缓。脏蛋、裂纹带被细菌污染，出现腐败蛋	鸡胚发育迟缓		出雏时间延长，绒毛粘有蛋白，出雏不集中，雏品质不一致
胚蛋受冻	很多蛋的外壳冻裂	头几天胚大量死亡，尤其第 1 天。卵黄膜破裂				
运输不当	蛋壳破裂，气室流动，系带断裂					

（八）孵化条件、鸡胚、初生雏三者之间的关系

见表 5－11。

表 5－11　孵化条件、鸡胚、初生雏三者之间的关系

孵化条件	5～6 胚龄	10～11 胚龄	19 胚龄	死胎	初生雏
头两天过热	部分胚发育良好，畸形多，粘贴壳上		头、眼和腭多见畸形	头、眼和腭多见畸形	出雏提前，多畸形，如无颅、无眼

孵化条件	5～6胚龄	10～11胚龄	19胚龄	死胎	初生雏
第3～5天过热	多数发育良好，亦有充血、溢血、异位现象	尿囊"合拢"提前	异位，心、肝和胃变态、畸形	异位，心、肝和胃变态、畸形	出雏提前，但出雏时间拖延
短期的强烈过热	胚干燥而黏着壳上	尿囊的血液呈暗黑色，且凝滞	皮肤、肝、脑和肾有点状出血	异位、头弯左翅下或两腿之间。皮肤、心脏等有点状出血	
孵化后半期长时间过热			啄壳较早，内脏充血	破壳时死亡多，蛋黄吸收不良，卵黄囊、肠、心脏充血	出雏较早但拖延，雏弱小，粘壳，脐带愈合不良且出血，壳内有血污
温度偏低	胚胎发育很迟缓。气室过大	胚胎发育很迟缓，尿囊充血未"合拢"	胚胎发育很迟缓，气室边缘平齐	很多活胎但未啄壳，尿囊充血，心脏肥大，卵黄吸入呈绿色，残留胶状蛋白	出雏晚且拖延，雏弱脐带下愈合不良，腹大有时下痢，蛋壳表面污浊

续表

孵化条件	5～6 胚龄	10～11 胚龄	19 胚龄	死胎	初生雏
湿度过高	气室小	尿囊"合拢"迟缓，气室小	气室边缘平齐且小，蛋重减轻少	啄壳时洞口多黏液，喙粘在壳上，素囊、胃和肠充满黏性的液体	出雏晚而拖延，绒毛长且与蛋壳粘连，腹大软弱无力，脐部愈合不良
湿度偏低	胚死亡率高，充血并黏附壳上，气室大	蛋重损失大，气室大	蛋重损失大，气室大	外壳膜干黄并与胚胎黏着，破壳困难，绒毛干短	出雏早，雏弱小干瘪绒毛干燥污乱发黄，雏鸡脱水
通风换气不良	死亡率增高	在羊水中有血液	在羊水中有血液。内脏充血，胎位不正	胚胎在蛋的小头啄壳，多闷死壳内	鸡雏出雏不集中且品质不一致，雏不能站立，蛋白粘绒毛
翻蛋不正常	卵黄囊黏附壳膜	尿囊"合拢不良"	尿囊外有黏着性的剩余蛋白，异位		

孵化条件	5～6胚龄	10～11胚龄	19胚龄	死胎	初生雏
卫生条件差	死亡率增加	腐败蛋增加	死亡率增加	死胎率明显增加	雏软弱无力，脐部愈合不良，潮湿，有异臭味，有脐炎

二、孵化常见问题与对策

见表5—12。

表5—12 孵化常见问题与对策

问题	原因	采取措施
1. 无精蛋太多	①公母鸡比例不合适	轻型种鸡为1：（10～12），重型种鸡为1：（8～10）
	②种公鸡营养不良	青年公鸡从鸡群分离，保证让它吃足料，否则它会吃尽母鸡所有的饲料
	③配种时公鸡相互干扰	公鸡比例不能太高，配种期公鸡应一起饲养
	④公鸡肉垂和冠冻伤	注意鸡舍设施是否良好及母鸡的饮水器是否合适
	⑤公鸡年老	用青年鸡更换老年鸡
	⑥公鸡不育	用其他公鸡取代
	⑦种蛋保存期太长或入孵前贮存条件不良	种蛋应保存在凉爽地方（温度10℃～16℃，相对湿度70%左右），保存期不超过7天
2. 出现血管环，意味早期胚胎死亡	①孵化温度过高或过低	检查温度计，控温器，电源供给，查阅孵化机说明书
	②错误的熏蒸消毒程序	注意使用的熏蒸剂是否正确，不能在入孵后24～48小时熏蒸

问题	原因	采取措施
3. 许多雏在壳内死亡	①种蛋在入孵前保存太久或保存不良	保存时间不超过 7 天，同时应通风凉爽（10℃～16℃，相对湿度 70%）
	②温度过高或过低	检查温度计、温控器和电供给
	③没有正确翻蛋	定时翻蛋，每天至少 3～4 次，每次方向相反
	④如果在 10～14 天胚龄严重死亡则是营养缺乏	应对种鸡给予特别注意，并检查其饲养和营养
	⑤孵化机内通风不良	以正确的方式增加通风量
	⑥白痢或其他传染病感染	使用的种蛋应来源于健康鸡群，经常检查孵化机内的卫生
4. 出雏太早	孵化温度太高	检查温度调节装置是否有效，特别是断电后是否达到正确温度
出雏过迟	孵化温度太低	检查温度调节器
鸡雏不自然	孵化温度太高	调节温度达到需要水平
5. 鸡雏畸形	或因孵化机温度过高过低，或因摆蛋、翻蛋不正确	正确地调节温度和摆蛋
6. 长柄小铲状	出雏机、出雏盘太光滑	检查出雏盘光滑度

问题	原因	采取措施
7. 弱雏	孵化或出雏机内某部过热	
①鸡雏体小	a. 入孵种蛋小 b. 孵化机内湿度太小	入孵时剔出过小种蛋 提高水的表面蒸发力
②鸡雏呼吸困难	a. 出雏机内残留较高量熏蒸剂 b. 出雏机内湿度太大 c. 传染病	使用正确数量的熏蒸剂 降低水表面蒸发量
③ 雏 鸡 羽 毛暗淡	孵化机平均温度低，通风不良，脐带炎或脐带感染，蛋龄不能太分散	尽可能送实验室诊断 调节温度和通风，孵化机应彻底清洁和熏蒸消毒，特别对所有的孵化设备消毒，种蛋贮存不过期
8. 雏鸡体重不整齐	入孵蛋大小、重量不合适	使用正常大小的种蛋入孵，最好不从新鸡群选蛋入孵
9. 喙和胚胎畸形，孵化力弱	估计叶酸缺乏	检查饲料叶酸水平
10. 胚骨畸形，孵化力减弱	估计生物素缺乏	检查饲料中生物素水平
11. 在孵化 4～7 日龄，胚胎变畸，发育受阻	估计维生素 D 缺乏	检查饲料中维生素 D 水平
12. 在孵化第 2 周发生胚胎死亡	估计维生素 B_6 缺乏	检查饲料中维生素 B_6 水平

问题	原因	采取措施
13. 在孵化最后一周胚胎死亡	估计维生素 B_{12} 缺乏	检查饲料中维生素 B_{12} 水平
14. 种蛋孵化力降低	估计泛酸缺乏	检查饲料中泛酸水平

三、初生雏最易发生的两个问题——脱水与卵黄囊感染

（一）初生雏脱水

生产实践中，若发现出壳后的鸡雏干燥、细小，一般是由于胚胎在较长期的高温低湿环境下，缺乏或得不到足够的饮水，所这种现象被称为雏鸡脱水。脱水时间愈长，雏鸡的死亡率也愈高。

1. 雏鸡脱水的原因　出壳较早的雏鸡若不能及早运到育雏舍是导致其脱水的主要原因，初生雏失水最早在出雏机里就会发生，即使机内湿度达70％也会出现。因为早期少量出雏的鸡与大批量出雏时间有一段间隔，若一起捡出免疫，则往往会导致有少量雏鸡脱水。这是由于机内温度高、气流速度快，初生雏停留时间愈长，失水也愈多。现代孵化厂要对初生雏进行鉴别、分级、接种马立克疫苗或剪冠等一系列工序，每批出雏量愈多或操作的工序愈多时，在孵化厂内所停留的时间可能愈长，如运送不及时路途太远，到达育雏室时，其体重减轻约为其出雏时的10％。如延误时间更长，体重可减轻20％，到育雏室时往往已不会饮食，很快即瘫软而死，这是1～3日龄雏鸡死亡的另一重要原因。

2. 主要预防措施

（1）出雏机内湿度应在70％以上，整个出雏期最好捡雏3～4次，以保证雏禽出壳后在机内所停留的时间不超过10小时；

（2）每批出雏量大的孵化厂，宜按捡雏的先后，分批进行鉴别与免疫，最大限度地压缩初生雏在孵化厂内存放的时间；

（3）尽可能缩短运雏时间，不得在途中停留，远距离运雏宜采用空运；

（4）鸡场接受初生雏后要立即入育雏舍，使其尽快得到饮水；

（5）尽可能多而均匀地放置饮食器具，使不同区域的初生雏都能就近接触到饮水器和料槽；

（6）育雏期的室内湿度尽可能保持在 60％～65％。

（二）雏鸡卵黄囊感染

1. 原因　一般来说，雏鸡卵黄囊感染与种鸡管理、鸡舍污秽、种蛋未经消毒或消毒不当等有关，但主要是由孵化厂消毒不严所致。引起亚急性卵黄囊感染的埃希氏大肠杆菌等广泛存在，若捡出的种蛋未进行有效的消毒，一旦这些病菌潜入蛋内即可造成疾病感染。照蛋及落盘时，蛋受孵化机外较低温度的影响，其内容物收缩形成负压，使病原微生物易于进入蛋内而造成感染。

鸡雏急性卵黄囊感染的重要前提是存在导致疾病的病原微生物与孵化环境的高度污染。一旦发生此病，孵化厂就可能使这种感染在以后的孵化批次中重复出现。当出雏机内温度低时，通常可引起脐炎。当开始啄壳，卵黄囊整个被拉进体腔时，若环境湿度较低，则会引起胚外膜干燥及其与壳膜粘连，使进入脐眼的卵黄囊上粘有一些壳膜。壳膜主要由角蛋白构成，不受雏鸡体内分解代谢的影响，可一直保持下去。这种残留物能刺激鸡雏有关组织失去活性，进而使卵黄囊受到感染。实践中，往往大批出雏后为了促使初生雏绒毛较快干燥，常常降低出雏机内的湿度，这样就使一部分晚出的幼雏处于较低的湿度条件下，晚出的雏鸡愈多，患脐炎相对也愈多。卵黄囊异常大的幼雏，由于它需要较长的时间封入体腔，故更易发生脐炎。日常见到此类腹大、卵黄未很好吸收的雏鸡往往发生卵黄囊炎，死亡率较高。

2. 症状与剖检变化　雏鸡在感染之初通常症状不明显，实践中，往往放到育雏室后 24～72 小时内才死亡。其症状是腹部膨大，脐部潮湿或未闭合、结痂，或形成"钉脐"有难闻的气味。打开雏鸡体腔可见到未吸收的卵黄、卵黄囊扩大，卵黄静脉胀大，明显与未吸收的卵黄脱开。卵黄外观异常，因感染的菌种与阶段不同而异，卵黄或凝结或呈棕色的水液。亚急性感染时，卵黄为水肿液所稀释，囊壁变薄，易于破裂，其他剖检不明显。

3. 防治办法　若发生卵黄囊感染，应将孵化厂内所有孵化器具及其他用品严格消毒。可先冲洗干净，再喷雾消毒，最后密封熏蒸消毒。熏蒸时温度应在25℃、湿度应在70%以上，较低的温湿度不足以消灭引起感染的有关微生物。这种消毒程序应定期进行。还可更换其他有效的消毒剂交替使用。对孵化1～19天的种蛋，包括处于对甲醛敏感期的胚胎，都可进行熏蒸消毒，雏鸡出壳50%亦需熏蒸消毒1次，方法见第三章第四节。

第七节　特禽孵化技术

特禽的孵化方法基本相似于家鸡，但由于其孵化时间与家鸡不同（表5－13），故又有其特殊之处。下面介绍几种与家鸡有不同之处的特禽孵化技术要点：

表5－13　特禽孵化期（天）

种类	珍珠鸡	鹧鸪	雉鸡	鹌鹑	火鸡	鸽	番鸭
孵化期	26～28	23～24	24～25	17～18	28	18～20	33～35
种类	山鸡	乌鸡	天鹅	鸵鸟	鸭	鹅	孔雀
孵化期	24	21	35～40	42～45	28	31	28

一、七彩山鸡孵化

七彩山鸡简称山鸡，孵化期一般为24天。

1. 种蛋管理　山鸡蛋壳厚但较脆，贮存时必须小心轻放，尽可能减少损失。种蛋保存的适宜温度为10℃～15℃。选择种蛋时要剔除沙壳蛋、钢皮蛋、畸形蛋、破蛋和过大、过小的蛋。

贮存时间对山鸡蛋孵化率的影响较家鸡严重。试验表明：在室温 23℃ 环境下，贮存 1～2 天，受精蛋孵化率为 89.3％，而贮存 7～8 天，则降为 75.3％，贮存 9～10 天，降至 53.5％。所以，山鸡种蛋要尽可能缩短贮存期。

2. 孵化温度 山鸡孵化湿度低于家鸡，一般要求，分批入孵：第 1～20 天，37.5℃；第 21～24 天，37℃。整批入孵：第 1～2 天，37.9℃；第 3～8 天，37.6℃；第 9～14 天，37.5℃；第 15～21 天，37.4℃；第 22～24 天，37.3℃。

3. 孵化湿度 由于山鸡蛋壳较厚，因此，在孵化后期湿度较家鸡高，便于雏鸡出壳。一般要求：第 1～20 天，60％～65％；第 21～24 天，70％～75％。

4. 通风换气 通风量从总体上小于家鸡。操作时可在孵化初期不打开或打开通气孔的 1/4，以后逐步打开，直至全开。

5. 翻蛋与晾蛋 每 2～3 小时翻蛋 1 次，角度为 ±45 度，可每天或隔天晾蛋 1 次，晾蛋时间随鸡胚龄、气温等变化而定，晾至微凉为宜。

6. 喷水 一般从孵化第 16 天开始，每天喷 31℃～33℃ 的温水 2 次，第 21～24 天每天再增加一次。同时，还应按季节变化增减喷水次数，夏季增加，冬季减少。

7. 照蛋 孵化第 6～8 天第 1 次照蛋，胎相：眼点清晰。孵化 16～18 天第 2 次照蛋，胎相：尿囊"合拢"。依此可判定孵化温度、湿度是否适宜。

8. 落盘与出雏 山鸡一般在孵化第 23 天开始啄壳，故可在孵化第 22 天或进入孵化第 23 天落盘。落盘时要倍加小心，严防超温及通风不良。出壳雏鸡要及时捡出，必要时可进行人工助产。

二、珍珠鸡孵化

珍珠鸡又名"珠鸡"，孵化期为 26～28 天。

1. 种蛋管理 种蛋正常为圆锥形，蛋壳为淡褐色，如果为白色或无色均属不正常。正常蛋壳光滑，如有裂痕、皱纹属不正常。蛋形指数 1：1.4 左右，过大、过小均属不正常。选择时尽可能利用正常蛋。贮存要求环境温度为 10℃ 左右，时间不超过 1 周。

2. **孵化温度**　整批入孵：第 1～7 天，38.2℃～38.5℃；第 8～12 天，38℃～38.2℃；第 13～23 天，37.5℃～37.8℃；第 24～26 天，37℃～37.5℃。

分批入孵：孵化期 37.8℃～38℃；出雏期为 37℃～37.5℃。

3. **孵化湿度**　孵化前期低，后期略高。一般第 1～23 天相对湿度为 60％ 左右；第 24～26 天为 70％～75％。

4. **喷水**　珍珠鸡与家鸡比较，蛋黄比例较大，说明能量相对较高，因此孵化后期产热较多。再加之珍珠鸡蛋壳较厚（0.40～0.60毫米），散热慢，孵化中后期超温影响较大。孵化操作过程中应从第 10 天左右起每天用 37℃～38℃ 的温水喷蛋（室温 25℃ 以下，每天 1～2 次，25℃ 以上每天 2～3 次）。

5. **通风换气**　入孵第 1～8 天，关闭通风孔；第 9～13 天打开 1/3～1/2 通气孔；第 14 天及以后，打开 2/3 以至全部通气孔。

6. **翻蛋与晾蛋**　入孵第 10～15 天，每天晾蛋 2～3 次，第 14 天及以后，每天晾蛋 3～4 次。为了减少打开孵化机门的次数，可以晾蛋与喷水同时进行。晾蛋至感觉微凉为止。翻蛋一般是在第 1～23 天，每 2 小时 1 次，角度为 ±45 度。

7. **照蛋**　一般照蛋 3 次。第 1 次在入孵第 7 天左右，主要是检查受精率及胚胎发育情况，捡出无精蛋及死胎蛋。第 2 次在入孵第 15 天进行，主要目的检查胚胎发育情况。正常胚胎的胚相为：一半以上为黑暗色，血管分布均匀较密，气室界线弯曲。发育慢的胚胎气室较小，界线平齐。死胎则界线模糊，看不到鲜红血管，蛋小端发白。第 3 次是结合落盘在第 24 天进行，正常胎相为：气室界线清楚地看见胎动。

8. **落盘与出雏**　落盘是在入孵第 24 天进行。出雏期间每天用 38℃左右的温水喷洒 3～4 次。孵化至 26 天开始啄壳出雏，第 28 天出完，必要时须助产。

三、鹌鹑孵化

鹌鹑体小，正常蛋重 10 克左右，孵化期 17～18 天。

1. 种蛋管理　鹌鹑一般 45～50 天开产，10～19 周龄种蛋的受精率、孵化率较高，12～14 周龄最高。自然交配公母比例以 1：(4～5) 较为理想。研究表明：鹌鹑蛋重与其受精率、孵化率成正相关。故在选择种蛋时尽可能利用较大（约 10 克）蛋作种用孵化。鹌鹑种蛋的贮存一般是室温 10℃～15℃，相对湿度 60%～65%，贮存不超过 5 天。如果室温 16℃±2℃，相对湿度 75±5%，期限不超过 4 天，否则孵化率显著下降。

在夏季如果室温在 25℃～33℃保存种蛋，可用塑料袋包装。贮存 1 周，可减少对孵化率的影响。

2. 孵化温度　恒温孵化：孵化期 37.8℃，出雏期 37.7℃；变温孵化：第 1～6 天，38℃；第 7～14 天，37.8℃；第 15～17 天，37.7℃。

3. 孵化湿度　第 1～6 天，55%～60%；第 7～14 天，50%～55%；第 15～17 天，65%～70%。

4. 通风换气　第 1～6 天，关闭风门，第 7～11 天，逐渐开 1/4～2/3 风门，第 12～17 天，全开。

5. 翻蛋与晾蛋　孵化期间（1～15 天）每 2 小时翻蛋 1 次，角度为 ±45°，出雏期间停翻。晾蛋依气温和胚龄确定，晾至眼皮感觉微凉为止。

6. 照蛋　孵化期一般照蛋 2 次。第 1 次在入孵后 4～5 天进行，发育正常的胎相为：血管呈蜘蛛状，中间有黑眼，且较清晰。第 2 次在入孵第 10～13 天进行，可见胚长 2.5 厘米左右，且较清晰。照蛋灯一般为 1.5 厘米的小口径聚光灯。

7. 落盘　孵化第 15 天落盘，落盘后可每天向蛋面喷 2～3 次 36℃～38℃的温水，以促使出壳。

8. 出雏　16～17天出雏，方法与家鸡基本相似。

四、火鸡孵化

1. 种蛋管理　火鸡的正常种蛋为 85 克左右，过大、过小或过长、过圆、两头尖的蛋均不宜作种蛋。火鸡蛋壳为浅黄色并有棕色斑点，一般蛋壳颜色愈深，孵化愈好。种蛋要求保存在 10℃～15℃，相对湿度为 65％～75％，一般不超过 1 周。若贮存期稍长则需每天翻蛋 1～2 次或加大蛋库通风量（不留死角）。

2. 孵化温度　见表 5－14。

表 5－14　火鸡蛋孵化施温方案

胚龄（天）	变温孵化				恒温孵化	出雏期
	1～3	4～14	15～20	21～25	1～25	26～28
温度（℃）	37.8	37.7	37.5	37.2	37.5	36.4～37

3. 孵化湿度　第 1～25 天，相对湿度 55％～57％；第 26～28 天，70％～80％。

4. 通风换气　与家鸡比较，火鸡孵化中后期的通风量较大。如果通风量不足，往往会造成胚胎缺氧死亡率增加。因此，火鸡孵化中后期的通风换气尤为重要。

5. 翻蛋与晾蛋　火鸡孵化期间翻蛋一般是：第 1～16 天，2小时 1 次；第 17～25 天，每小时 1 次，角度为±45 度。由于火鸡在孵化中后期代谢产热较多，如孵化机不能有效降温，就需要晾蛋，一般每天 2～3 次。方法同其他禽类。

6. 照蛋　孵化期一般照蛋 3 次。第 1 次是在孵化第 7 天进行，主要是剔去无精蛋、死胎蛋。正常胚胎可见血管似蜘蛛状。第 2 次是在孵化第 18 天进行，正常胚胎可见气室明显凹陷，有胎动，蛋小头基本"合拢"。第 3 次是在第 25 天进行，此时可见"闪毛"。

7. 落盘与出雏　火鸡孵化一般是第 26 天落盘，落盘后必须加大通风。出雏的操作类似于家鸡。

五、鸵鸟孵化

1. 种蛋管理　鸵鸟蛋大小变化较大，一般为 800～1600 克。其孵化率受蛋的大小的影响亦较大。有学者研究表明：蛋重 1600 克以上的孵化率为 50%，而 1100～1400 克的孵化率为 70%～75%。

鸵鸟种蛋的贮存一般钝端或气室向上较理想，如贮存期不超过 7 天，室温要求 15℃～20℃；超过 7 天，应降至 13℃左右。贮存期一般不控制湿度，建议相对湿度为 50%～75%。

2. 孵化温度　鸵鸟由于其孵化期长，因而孵化温度与家鸡相比有较大差异。最佳适宜孵化温度为 36.1℃～36.9℃。由于鸵鸟饲养数量有限，很难达到整批入孵，一般均采用分批入孵，恒温孵化。建议温度为：第 1～38 天，36.5℃，第 39～42 天为 36.2℃。若采用变温孵化可采用下列施温方案：第 1～21 天，36.5℃；第 22～33 天，36℃；第 34～42 天，35.5℃。出雏机的温度依种蛋数量确定。以孵化机温度作为参照，如种蛋较少（不足出雏机容量一半），可提高 0.5℃；若种蛋为出雏机容量的 1/2，则采用一般孵化温度；若超过一半或满负荷，则可降低 0.5℃。

3. 孵化湿度　鸵鸟孵化应严格控制湿度，不得超湿。否则，45 天的孵化期总失水率较大（适宜为 15%）。一般要求孵化期相对湿度为 20±2%，不得超过 25%。

对孵化鸵鸟而言，出雏期湿度的把握十分重要。孵化第 39 天落盘后，出雏机相对湿度应与孵化机相等。如较高则会妨碍与代谢率提高有关的代谢水的丧失，降低氧气交换率，导致供氧不足。当雏鸟破壳时，湿度可提高 10%～30%，减少出壳困难。如果雏鸟大部分破壳出雏。应再适当提高相对湿度 10%左右。

鸵鸟孵化温度与湿度有一定关系。研究表明：孵化期若选择温度为 36.8℃，则湿度可维持在 15%左右；若选择 36.0℃，则相对湿度可维持在 24%左右。亦即孵化温度稍高，胚胎代谢失水越快，应用低湿度可减少水分的丧失。

4. 通风换气　由于鸵鸟孵化期长，相对湿度要求低且较严格，再加之同批次入孵蛋往往数量较小，研究表明：一般鸵鸟孵化的耗氧峰值是在落盘后第 41 天。所以孵化期的总体通风量要小于家鸡。鸵鸟孵化室要求的新鲜空气需要量为每小时每 100 枚蛋 20～30 立方米，孵化机内则要保证此量的 1/3 左右。

在实际操作过程中，要解决好通风与低湿孵化的关系。因为孵化室湿度一般都较高，通风换气会提高孵化机内的湿度。因此，必须在保证孵化机内低湿前提下合理通风，保证孵化室干燥是十分必要的。

鸵鸟出雏期的通风换气与家鸡类似，操作程序没有较大差别。

5. 翻蛋　应用现代孵化机孵化一般要求第 1～39 天每 1～2 小时翻蛋 1 次，角度为 ±45 度。落盘后停止翻蛋。

6. 照蛋与称重　鸵鸟孵化一般是照蛋与称重同时进行。要求入孵前照 1 次并称重，观察气室的位置，以便孵化期间正确放置种蛋和观察气室大小变化。孵化期间第 7、第 14、第 21、第 28、第 35、第 39 天（落盘）各照蛋称重 1 次。出雏期间（第 39～44 天）每天至少照蛋 1 次，还可根据出雏需要，进行每日多次照蛋。

由于鸵鸟蛋壳较厚，因而需要较强的光线穿透。要求照蛋器应设有较长的导光管或使用 150W（瓦）冷光照蛋器。

鸵鸟的孵化期照蛋时 7 日龄的"胎相"大致类似于家鸡 3 日龄"胎相"。14 日龄的"胎相"大致类似于家鸡 7 日龄"胎相"。可依此类推。

各照蛋时间的"胎相"如下：

二照（第 7 天）：正常胚胎多数阴影界限明显，阴影面占蛋壳表面的 20%～25%。少数蛋阴影占蛋壳表面的 10%～15%。第 7 天很难辨认受精与无精蛋。

三照（第 19 天）：受精蛋黑色阴影面约占蛋壳表面

45%～55%。正常胚胎若从气室方向照看，多数在阴影的底部有一个黑色的环带，阴影上部较淡，多数蛋可见一清晰黑点，此为胚胎。有一些蛋阴影区域界限不明显，阴影面占20%～35%。若蛋放平照时，光线自下而上照，阴影深刻均匀。若自上向下照时，难以与未发育的蛋区分开来。如果有些蛋的阴影面积无任何增加，仅占蛋面壳5%～15%，即可能是无精蛋。总之，此期照蛋，正常发育胚胎可较清晰显示，且见血管，死胎蛋可见血环或血点。

四照（第21天）：正常胚胎与家鸡第10天相似，即尿囊血管已包裹整个蛋面，现"合拢"。照蛋时可见黑色阴影面积占蛋壳表面55%～60%，且阴影区域内几乎看不见任何细节，颜色较深，且更加均匀。如果是阴影面积退缩的蛋（与二照比较）则为死胎蛋，剔去即可。

五照（第28天）：照蛋时黑色阴影面积几乎覆盖整个蛋壳表面，除气室外，几乎看不见内部细节，少数蛋可见线条——尿囊绒毛膜血管。若发现蛋胚浑浊不清，不见血管，触摸时蛋体发凉则为死胎蛋。

六照及其以后（第35～44天）：气室外观呈圆形，蛋的其他部分呈黑色。在气室边缘的稍淡区域有时可见尿囊绒毛膜血管。随着胚龄的增加，胎动逐渐明显，并使一侧影响气室推进（气室不再是圆形），逐步啄壳出雏。若气室始终呈圆形，不见胎动，证明胚胎死亡。

鸵鸟在孵化照蛋的同时要称蛋重，其目的是为了判定孵化条件是否适宜。研究认为：人工孵化条件下，第1～39天总失重率为14±2.9%，可获得较好的孵化率。一般认为：第1～45天总失重率不超过15%较为理想。

7. 落盘与出雏　鸵鸟平均啄壳时间为998.7±23.7小时，平均出雏时间为1021.7±25.0小时。少数蛋在入孵第39天啄壳，40天出雏，大部分在第41～42天啄壳，第42～43天出雏；也有在第43天啄壳，第44天出雏。因此，一般应在第39天落盘，具体时间应以雏鸟啄破壳膜（"破膜"）为准，"破膜"后24～48小时破壳出雏。

8. 助产　借助照蛋器，如果在预定出壳日期前24～48小时，看不到胚胎运动或气室形状变化，就可能是弱雏或胎位不正，应将此蛋做记号，需要助产。

怎样才算胎位不正。鸵鸟蛋在出壳前正常的胎位应该是胚胎尾部的位置偏离气室，颈基位于气室附近，颈侧向左，然后弯向右，以便使头部侧沿着胸的右侧，翼小，头并不位于右翼下，喙尖不靠近形成气室界限的内壳膜，右腿位置适当，便于脚尖侧向喙上部附近，左脚趾接近鸟颈背部，在这种位置上的变化主要是在头的位置。由于腹部及腿的水肿，尤其是当蛋失重减少时，头部被迫进一步移向气室。亦即：正胎位为头部位于气室端，倒胎位头不在气室端。

人工助产的基本操作方法为：若同批次种蛋大部分已出壳，3～5小时后，用照蛋器检查未啄壳蛋，若胎位不正或已外啄壳15小时以上仍未出壳的，则须助产。可先将喙附近钻2-3厘米小孔，然后按头—肩—躯干—尾的顺序自上而下逐渐剥壳，动作要小心，不能将鸟皮撕下，剥离时若发现出血，则应停止。可先将头拉出，清除鼻子、嘴边的黏液和污染物，放入出雏盘中，让其自行出壳。也可先在鸟喙边钻孔，然后沿壳一圈轻轻敲开一细缝，放入出雏盘内，让其自由出壳。出壳后立即用碘酒消毒脐部，并在出雏机中放置24～36小时，待头部、腿部水肿消失、毛干后转入育雏室。

助产时要注意，不能过早或过晚。否则雏鸟卵黄及蛋白未完全吸收，水分损失过多，易发生粘连或者窒息死亡。

六、番鸭孵化

与家鸡比较，番鸭蛋蛋壳较厚（0.44毫米左右），壳膜坚韧，并有蜡质油膜，蛋黄能量高，故在实践中，常会因孵化后期超温导致死胎率较高。生产上一般采取孵化前期（第1～22天），用机孵，中、后期（第 23～25 天），用摊床孵。孵化期 33～35 天。

　　每年农历 2～6 月为番鸭孵化季节。农户按雏鸭孵出的先后将其为"头番"（农历 2～3 月），"二番"（农历 3～4 月）和"尾番"（农历 5～6 月）。一般多用"头番""二番"的雏鸭作种鸭，"尾番"作肉。其孵化方法亦有采用由母鸭自然孵化或由母鸭自然孵化 15～20 天再由机孵、摊孵相结合的办法，孵化期一般要延长至 35～38 天。

　　1. 种蛋保存　　种鸭蛋贮存一般不超过 7 天。在温度 10℃～15℃ 环境下保存 4～5 天最适宜。如果贮存超过 1 周，其孵化率受到的影响远比家鸡严重。

　　2. 孵化温度　　第 1～10 天，37.8℃～38℃；第 11～22 天，37℃～37.5℃；第 23 天出雏（夏季高温期可在第 20～21 天上摊床），床温 37℃。

　　3. 孵化湿度　　第 1～15 天，55％～60％；第 16～22 天，70％～75％；第 23 天以上，80％左右。与家鸡比较，番鸭中后期对湿度要求较高，入孵第 15 天以后每天向蛋面喷水（湿透为止）2～3 次，且随着孵化时间的延长，喷水的次数和量要逐渐增加，甚至在对刚啄壳的蛋可放入 32℃～35℃ 水中稍浸片刻后即提出，有助于雏鸭出壳。但必须切忌在入孵 12 天前（胚胎"合拢"前）喷水。

　　4. 通风换气　　与家鸡比较，孵化前期通风换气没有明显差异，孵化中后期必须加大通风换气频率，否则容易造成供氧不足，导致胚胎死亡。

　　5. 翻蛋与晾蛋　　第 1～22 天，机械孵化可采用每 1～2 小时翻 1 次，角度为 ±45 度。第 23～30 天摊床孵化时，每 2～3 小时用手翻蛋 1 次，每次晾蛋 15 分钟。第 31 天后可不翻蛋，但应根据蛋温可在每 3 小时左右晾蛋 15～30 分钟，并需调整摊床面的放置位置（摊床温度不均，易对长期放置一个位置的种蛋胚胎发育有影响）。

6. 出雏与助产　番鸭一般在入孵第 33 天即有少量破壳，第 34 天可现雏鸭大量破壳。在第 34 天快结束或第 35 天应利用照蛋器检查，对未破壳活胎或啄破了一圈的蛋还无法出雏的弱胚须助产，方法与家鸡相似。

七、鹅孵化

（一）方法

随着规模化、商品化的家鹅生产，传统的人工孵化和自然孵化都不能满足要求，因而代之以现代机器孵化，即 1～8 天用机器孵化；9～31 天用摊床进行孵化（如用孵化器出雏 28 天落盘）。

（二）种蛋的保存

种蛋允许的贮存期为 10 天，最好控制在 3～5 天，不宜超过 7 天，7 天后必须每天翻蛋 1～2 次。种蛋保存的适宜温度为 13℃～16℃。相对湿度应保持在 75%～85%，种蛋的贮存及孵化位置应以平放为宜。

（三）入孵前的准备

1. 制订孵化计划　孵化前，根据孵化与出雏能力、种蛋数量以及雏鹅销售等具体情况，制订孵化计划，非特殊情况不能随意更改计划，以便孵化工作顺利进行。

2. 验表与试机　孵化前须对孵化器各仪表进行校正，检验各部件的性能，将隐患消灭在入孵前。

3. 孵化器消毒　对孵化器进行彻底的清洗和消毒。方法：取出蛋车及蛋盘，用水冲洗机壳内外壁及底部，再用新洁尔灭擦洗孵化器内外表面（注意不能用高压水枪冲洗机壳内壁，避免水溅到控制元件上，导致机器故障）。洗净后，将已冲洗干净的蛋车及蛋盘送入机内，再用熏蒸法消毒，每立方米用福尔马林 42 毫升、高锰酸钾 21 克，在温度 24℃、相对湿度 75% 以上的条件下，密闭熏蒸 1 小时，然后开机门和进出气孔通风 1 小时左右，驱除甲醛气体后，方可进行下一批的入孵。

（四）孵化过程的操作技术

（1）温度的调节　孵化器控温系统，在入孵前已经校正、检验并试机运转正常，一般不要随意变更。即使暂时性停电或修理，引起机温下降，一般也不必调整孵化机温度，在正常情况下，机温偏低或偏高 0.5℃～1℃时才予调整，并密切注视温度变化情况。

在孵化过程中，一般每隔 0.5 小时通过观察窗里面的温度计观察 1 次温度，每 2 小时记录 1 次温度。有经验的孵化员，还经常用手触摸胚蛋或将胚蛋放在眼皮上测温，必要时还可照蛋，以了解胚胎发育情况和孵化给温是否合适。

（2）相对湿度的调节　孵化器观察窗内挂有干湿球温度计，应每 2 小时观察并记录一次，换算出机内的相对湿度。要注意包裹湿度计棉纱的清洁，并加蒸馏水。

（3）翻蛋　一般每 2 小时翻蛋 1 次。手动转蛋要稳、轻、慢。自动转蛋应先按动转蛋开关的按钮，待转到一侧 45 度自动停止后，再将转蛋开关扳至"自动"位置，以后会按照设定自动转蛋。如遇切断电源时要重复上述操作，这样自动转蛋才能起作用。

（4）照蛋　照蛋要稳、准、快，尽量缩短时间，有条件时可提高室温。抽放盘时，有意识地对角倒盘（左上角与右下角孵化盘对调，右上角与左下角孵化盘对调），以调节孵化器内的温度。放盘时，孵化盘要固定牢，照蛋完毕后再全部检查一遍，以免转蛋时滑出。最后统计无精蛋、死精蛋及破蛋数，登记入表，计算受精率。

（5）晾蛋　通常鹅蛋孵化到 16 天时，就开始晾蛋，每天晾蛋 2～3 次，每次 30～40 分钟，少则 15～20 分钟。如果是整批入孵的蛋，采用机内晾蛋，关闭供温电路，停止给温，打开机门，让风机继续运行，达到晾蛋目的后继续孵化；如果是分批入孵，不同日龄的种蛋，采用机外晾蛋，将胚龄大的蛋取出孵化机，在室温下晾蛋。温度可用眼皮测试，将蛋放在眼皮上，感觉不发烫又不发凉即可放入机内。夏季晾蛋时蛋温不易下降，可将25℃～30℃的温水喷在蛋面上，见表面有水珠即可，以达到降温和增加蛋壳通透性的目的。晾蛋的次数和每次晾蛋的时间应根据季节、室温和胚胎发育程度而定，如胚胎发育较慢时，可推迟1～2天晾蛋，或者减少晾蛋次数和每次晾蛋时间；发育过快，则可提前晾蛋或增加晾蛋次数和时间。

(6) 移盘（落盘）　鹅胚孵至 28 天时，将胚蛋从孵化器的孵化盘移到出雏器的出雏盘，称移盘或落盘。鹅蛋孵满 27 天再移盘较为合适。具体掌握在约 10％鹅胚"打嘴"时进行移盘。

移盘前 12 小时，出雏器开机升温，待温度和相对湿度稳定后移盘。移盘时，如有条件应提高室温，动作要轻、稳、快，尽量减少碰破胚蛋，尽量缩短胚蛋在机外的时间。最上层出雏盘须加铁丝网罩，以防雏鹅窜出。目前国内多采用手工捡蛋移盘（每手各拿 3 枚蛋平放出雏盘里）。

出雏期间，用纸遮住观察窗，使出雏器里保持黑暗，这样出壳的雏鹅安静，不致因骚动而踩破未出雏的胚蛋，影响出雏效果。

(7) 雏鹅消毒　雏鹅一般不必消毒，只有出壳期间发生脐炎时，才消毒。

(8) 捡雏与人工助产

①捡雏　在成批出雏后，每 4 小时左右捡雏 1 次，也可以出雏 30％～40％时捡第 1 次，60％～70％时捡第 2 次，最后再捡 1 次并"扫盘"。

②人工助产　对已啄壳但无力自行破壳的雏鹅进行人工出壳，称人工助产。鹅胚胎从啄壳至出雏时间长达 24～38 小时的一般须进行适当助产。

(9) 清扫消毒　出雏完毕（鹅一般在第 31 天胚龄的上半天），首先捡出死胎（"毛蛋"）和残死雏，并分别登记入表，然后对出雏器、出雏室、洗涤室彻底清扫消毒。

八、鹧鸪孵化

鹧鸪蛋呈长椭圆形，一般长约4.2厘米，宽约3.1厘米，蛋重16～25克（平均21克），孵化期23～25天，平均24天。

1. 种蛋保存　鹧鸪种蛋的贮存方法与家鸡相似。唯一不同的是鹧鸪种蛋在适宜温度下贮存期长。一般来讲，在室温13℃～16℃条件下，冬季贮存期可达20天，夏季10～15天均对孵化率没有明显影响。

2. 孵化温度　见表5－15。

表5－15　鹧鸪蛋孵化施温方案

胚龄（天）	室温	孵化温度	室温	孵化温度
1～7	19～23	37.8	24～30	37.5
8～20	19～23	37.5	24～30	37.2
21～24	19～23	37.2	24～30	37.0

3. 湿度　第1～7天，55%～60%；第8～20天，50%～55%；第21～24天，60%～70%。

4. 通风、翻蛋　与家鸡相似。

5. 照蛋与落盘　头照在第7～8天进行，二照在第20～21天进行。

6. 助产　鹧鸪蛋壳较厚，内膜较韧，若啄壳后较长时间不出雏，则须人工助产。可用镊子从气室处破壳，轻剥内膜。见幼雏吸收完好，身较干，即助产。若幼雏未吸收好，尚存血管网，则让其在蛋内继续发育，任其自由出壳。

扫码解锁
○AI实践导师 ○在线阅读
○技术指导 ○政策解读

第六章　雏鸡的雌雄鉴别技术

第一节　翻肛鉴别技术

翻肛鉴别技术是根据初生雏有无生殖隆起以及其组织形态上的差异，以肉眼分辨雌雄的一种鉴别方法。

孵化初期，雌雄泄殖腔开口部下端中央，都有一小突起，称生殖突起，一般雌雏生殖突起在孵化中期开始退化，孵出前即消失，但也有孵出后仍残留的。而雄雏生殖突起不消失，孵出后仍见于泄殖腔开口部。故根据初生雏生殖突起有无及其组织形态上的差异，以肉眼在明亮灯光下即可鉴别雌雄。

一、鉴别的适宜时间和要领

1. 鉴别的适宜时间　最适宜鉴别时间是出雏后 2～12 小时。在此时间内，雌雄雏鸡生殖隆起的性状最显著，雏也好抓握、翻肛。而刚孵出的雏鸡，身体软绵，呼吸弱，蛋黄吸收差，腹部充实，不易翻肛，技术不熟练者甚至造成雏鸡死亡。

孵出后 1 天以上，肛门发紧，难以翻开，而且生殖隆起萎缩，甚至陷入泄殖腔深处，不便观察。因此，鉴别时间以不超过出雏后 24 小时为宜。

2. 鉴别要领　提高鉴别的准确性和速度，关键在于正确掌握翻肛手法和熟练而准确地分辨雌雄雏的生殖隆起。

（1）鉴别的关键首先是正确掌握翻肛的手法。既要能翻开肛门，又要使位置正确。翻肛时，三指的指关节不要弯曲，三角区宜小，不要外拉、里顶，才不致人为地造成隆起变形，而发生误判。

（2）在正确翻肛的前提下，鉴别的关键是能否准确地分辨雌雄生殖隆起的微小差异。一般来说，鉴别准确率达到 80%～85% 并非难事，有几天的训练就可以做到。但要达到生产能够应用的 95%～100% 准确率及相当速度，却需要较长时间的实践。这是因为出雏后仍有部分雌雏生殖隆起有残留，容易与雄雏生殖隆起某些类型相混淆。一般容易发生误判的是：雌雏的小突起型误判为雄雏的小突起型；雌雏的大突起型易误判为雄雏的正常型；雄雏肥厚型易误判为雌雏的正常型；雄雏的小突起型易误判为雌雏的小突起型。这些只要不断实践是不难分辨的。

（3）生殖隆起是由生殖突起与八字状襞所构成。初学者都往往只注重生殖突起而忽略八字状襞。正确的做法是注意生殖突起的同时兼顾八字状襞，把两者作为一个整体来观察分辨。粪便一次要排净；翻肛一次要翻好；辨认一次要看准。

二、雌雄鉴别设备

1. 鉴别盒　鉴别盒是一个前低后高、面积稍小于鉴别桌面的无底长方形盒。其规格是：长 125 厘米，宽 66 厘米，前高 14 厘米，后高 20 厘米。盒内由两块厚 1.5 厘米的隔板分成 3 格。中格较大，宽 44 厘米，放未鉴别的混合雏；左右两格大小一样，分别存放雌雏和雄雏。笔者认为该盒无底较易清洗消毒。

2. 鉴别桌　鉴别桌采用无屉桌，其规格为长 130 厘米×宽 68 厘米×高 70 厘米。桌面四角钉有直角挡板，以固定鉴别盒的位置，使其不致移动。

3. 鉴别灯　可用高脚座式反光手术灯，灯杆高不超过 85 厘米，蛇皮管长 30 厘米左右。一般用 40 瓦的乳白灯泡，如果鉴别员背靠墙坐，也可采用有伸缩架带反光罩的壁灯。鉴别时将灯拉出，鉴别完毕将灯推靠墙壁。

4. 其他设备　包括鉴别座椅、排粪缸（可用罐头瓶代替）、雏鸡盒等。

第二节 伴性遗传及配套系雌雄鉴别技术

一、伴性遗传雌雄羽速、羽色鉴别技术

应用伴性遗传规律，培育自别雌雄品系，通过不同品种或品系之间的杂交，就可以根据初生雏的某些伴性性状准确地辨别雌雄。这是因为鸡有一些性状基因，存在于性染色体上，如果母鸡具有的性状对鸡的性状为显性，则它们所有子一代的公雏都是有母鸡的性状，而母雏均呈公鸡的性状。据研究，鸡的伴性遗传性状在生产中常见有以下几种：慢羽对快羽；芦花羽对非芦花羽；银色羽对金色羽等。

1. 快、慢羽鉴别技术 根据遗传学原理，决定初生雏鸡翼羽生长快慢的慢羽基因（K）和快羽基因（k）都位于性染色体上，而且慢羽基因（K）对快羽基因（k）为显性，具有伴性遗传现象，利用此遗传原理可对初生雏进行雌雄鉴别。即亲代公鸡快羽，母鸡为慢羽，则子代公鸡为慢羽，母鸡为快羽。

区别快慢羽主要由初生雏翅膀上的主翼羽与覆主翼羽的长短来决定。子一代母雏为快羽，它的主翼羽长于覆主翼羽。公雏为慢羽，有 4 种类型：

（1）主翼羽短于覆主翼羽；

（2）主翼羽与覆主翼羽等长；

（3）主翼羽未长出，仅有覆主翼羽；

（4）主翼羽与覆主翼羽的羽杆等长，但主翼羽的羽杆前面毛梢略长于覆主翼羽。

2. 芦花与非芦花、金银色羽伴性遗传鉴别技术 根据羽斑鉴别公母：芦花斑纹为显性伴性基因"B"所控制，显性伴性芦花母鸡与隐性非芦花公鸡交配，所生雏鸡，凡芦花全为公鸡，出壳后头顶有大而不规则的白色斑块，腹部为乳白色绒羽；非芦花全为母鸡，头顶虽有白斑，但小而规则，呈卵圆形。

根据羽色鉴别公母：银色羽带显性伴性基因"S"，金色羽带有隐性基因"ss"，当显性银羽母鸡与隐性金羽公鸡交配，商品代雏鸡中银羽全为公鸡，金羽全为母鸡，如海兰、罗曼、尼克（褐）等品种均属此类。

二、现代四系配套品种雌雄鉴别技术

1. 肉鸡配套系　肉鸡如果考虑在父母代鸡中能够自别雌雄，则要求母本父系（C系）带有快羽基因（ZKZk），母本母系（D系）带有慢羽基因（ZkW），这样父母代的公鸡是慢羽（ZKZk），母鸡是快羽（Zkw），就可以从初生雏的羽毛生长速度进行鉴别。而与其配套的父本父系（A系）和父本母系（B系）也都应该是快羽（ZKZk与Zkw），这样使产生的商品代雏鸡全部是快羽，有利羽毛生长及早期增重。

2. 蛋鸡配套系　目前褐壳蛋鸡配套系采用父母代用羽速（快慢羽）鉴别，商品代用羽色（金银羽）鉴别。

扫码解锁

○AI实践导师 ○在线阅读
○技术指导 ○政策解读

第七章 孵化机保养与常见故障检修

第一节 孵化机的保养

一、月维护

（1）定期清洗加湿水槽和加湿盘，每出完一批雏后要清扫机器顶部和箱体内的绒毛与粉尘，防止污染。

（2）定期检查加热管是否发热，及时更换不加热管件。

（3）定期检查并通过移动风扇电机组来调整风扇皮带松紧度，以及风扇座行程开关压合是否正常并予以更换或维修。

（4）导电表性能调试检查。孵化机工作时，必须调准导电表。但由于其本身有误差，调试前一定要将它的水银球与标准温度计的水银球放到一起，在孵化机温度升到 37.8℃ 并保持 2 小时后进行校对，找出它们之间的误差，并据此来调节导电表的保护值。调节的最大保护值是在温度设定值上加上 0.6℃～0.7℃。调整好后，挂好导电表并开机升温至导电表的保护值，试运转几个小时看其功能是否正常，保护值是否在设定范围内。

（5）每出雏 1 次都应清洗孵化机、出雏机，冲洗时要注意保护好温湿度探头，最好用塑料袋包裹，以免损坏。

二、季维护

（1）孵化机长时间不用时，要定期开机烘干，潮湿地区每周开机 2 次，干燥地区每周 1 次，每次开机 1～3 小时。

（2）清洗温湿度探头。对温度探头可用软毛刷或棉花擦干净即可；湿度探头用软毛刷或棉花擦干净后，将探头罩旋下用酒精清洗，再用清水冲干净，晾干后备用。

（3）检查各控制系统导线和接插件接触是否紧牢，特别是D25空气开关，必须定期拧紧螺丝，以防后患。

（4）定期对风扇轴承翻蛋涡轮和曲拐加滴黄油。

（5）校准温湿度显示，以防显示温湿度与实际值有误差。

（6）看看风门工作是否正常，防止电机卡死或通风不良。

三、电机维护

1. 清洁、防尘　孵化机电机内部不能积有灰尘、泥土或其他杂屑，因为这些杂物能严重降低甚至损坏其绝缘电阻，可能产生击穿现象，或造成接地故障。解决办法是用吹风器定期清除内部灰尘，特别对电刷、滑环和短接机构要注意保持洁净。如果绕组上沾有油污，可用白布蘸四氯化碳擦洗，待干燥后，在绕组露出部分涂上绝缘漆，以强化其绝缘性能。

2. 防潮　检查孵化机电机是否受潮，可用兆欧表测量电机绝缘电阻。电机受潮一般是长期搁置未启动。解决的办法是采取经常性通风以保持干燥，或在潮湿季节加温烘干即可。

3. 防热　孵化机电机在运行时不能超过标牌上规定的允许温变。否则对于绝缘强度以及电机的寿命影响很大。电机过热的原因有：长时间超载、通风不良、运行异常、进风温度高、接线错误、线圈质量差等。解决的办法应视其原因分别施行。

第二节　孵化机常用检修方法

一、直观检查法

这种方法不借助仪器、仪表，凭检修人员感官去发现故障。通常是采用"一看、二摸、三听、四嗅"。

1. 看　主要观察孵化机面盘上各种开关、按键是否处于正确位置；各指示灯、电流表、电压表是否指示正常；线间接头或线与元件接头有无松动脱落；插拔件有无错位；电容器、电阻表面有无缺损、烧焦迹象；螺旋式熔断器环境窗内油漆标记是否脱落；元件通电后有无打火、冒烟现象；继电器触点有无烧断或烧结（熔焊）现象；翻蛋时有无卡死现象，各蛋盘翻动速度是否一致；蛋盘、传动连杆有无变形等。

2. 摸　开机前可试拉皮带松紧如何；用扳手检查所有紧固螺丝是否松动；开机后可手摸各种执行元件（如交流接触器、小继电器）、电动机是否过热；加热管是否热凉不一；对于时有时无的"软故障"可用手振摇所怀疑的元件，判断是否由接触不良等因素所引起。

3. 听　开机通电后细听元件内部有无打火声；电机缺相后的"嗡嗡"声；翻蛋机构的卡阻声；行程开关一旦被压住就发出"叭"声；电磁阀通电瞬间应发出的是"嗒"声。对于怀疑内部有螺丝松动的元件取下手摇，听有无松脱零件碰击声。

4. 嗅　闻一闻电动机、元件有无焦煳味。

二、推理法

如果某一系统出现故障，又不能具体确认是哪种元件故障。可依靠电路图顺藤摸瓜，运用万用表、电笔等工具逐一排除疑点，缩小范围。例如，在农村使用一般孵化机时若遇未达设定温度即停加热的故障现象，如果该机型加热管依次受控于加热交流接触器、小型继电器、温控板及变压器，顺着上述元件线索首先发现交流接触器没吸合，测试线圈无工作电压220瓦，而该电压是由小型继电器常开触点闭合时提供的，实际上小型继电器不吸合，用万用表发现其线圈也无工作电压，这就怀疑是温控板问题，更换一块好的温控板也无济于事，就推测到变压器，变压器输入压应为220瓦，而实际输入端两头间经测电压为零，用电笔一试发现两头均有火，判定是一端中性线断了，将输入端的中性线用导线重新接好，开机后恢复正常。

三、参数分析法

通过万用表测量元器件在线路中的电阻、电压、电流等参数来判断故障。因此有必要向生产孵化机厂家索取一份各元件在正常工作状态下的参数表，以利于孵化人员在检测时对照分析。现在一般小型继电器线圈电压为 12 伏，强电交流接触器线圈电压为 220 伏，可控硅非工作态正向电压为 220 伏，工作态时仅几伏，温湿表探头工作压 5 伏，等等。如果所给元件参数正常但不能工作，就要考虑是否是元件本身故障。

四、模拟试探法

模拟试探法是在直观检查及推理的基础上，通过分析可推测出故障发生的大概部位，然后对怀疑部位采用比较、分割、替代等手段进行模拟试探性维修，此法较为常用。

1. 比较对测　可用一台工作状态正常的同型号孵化机与有故障的孵化机进行相同元件的对测，确定故障元件。一般在缺少图纸或不理解元件接线情况下能较快找出故障部位。

2. 分割击破　一般是首先拔掉温控板或某些插拔式小元件。焊下某些导线及元器件，对怀疑电路进行分割，再进行分段检查，逐步缩小故障范围，最终找出故障点，便于检修。

3. 替代排除　对于弱电控制部件（如温湿控制板、驱动板、显示控制板等）出现故障，孵化操作人员自身往往难以排除。通常用备用器件对故障部件进行替代，此种办法最常用。

五、人为短接法

孵化机原件出现故障后，若怀疑是交流接触器、行程开关、键盘功能开关等的故障，一般用导线短接或直接并合两点，判断是否正常。如孵化机风扇出现时停时转的故障，可检查与风扇有关的元器件，如风扇电机、行程开关、风扇保险及热保护继电器等。通过分析及推理若怀疑是风扇行程开关接触不良，可人为短接常开触点，若此时故障消除，即可确认是风扇电机基座未压好，行程开关所导致的结果。

六、经验法

不同规格、型号的孵化机因其设计原理及利用元器件不同，常见或特定的故障亦有较大差别。检修好一种故障后，应认真记录存档这些故障现象、原因、检修方法，作为以后故障检修时的参考。当一台孵化机故障现象与上次某一例相同或类似时，就可首先按以往经验来检修，往往能做到费用低、省时、效果好。

诚然，孵化机检修的任何方法都不是万能的，这样就要求维修人员要灵活掌握、融会贯通，万万不可生搬硬套。特别对于复杂的弱电故障，若几种方法并用仍不能解决问题时，首先采取应急措施（如换机），再快速请厂家维修人员帮助解决。

参考文献

［1］高玉鹏，等. 现代孵化与育雏新技术［M］. 北京：中国农业出版社，2001.

［2］张永青，等. 现代养鸡技术大全［M］. 北京：中国农业大学出版社，2002.

［3］张伟. 实用禽蛋孵化新法［M］. 北京：中国农业科技出版社，1999.

［4］杨山，等. 现代养鸡［M］. 北京：中国农业出版社，2002.

［5］杨宁，等. 现代养鸡生产［M］. 北京：中国农业大学出版社，1994.

［6］彭秀丽，等. 养鸡新法［M］. 北京：中国农业出版社，2002.

［7］王生再. 中国养鸡学［M］. 济南：山东科学技术出版社，1998.

［8］王庆民. 家禽孵化与雏鸡雌雄鉴别［M］. 北京：金盾出版社，2001.

［9］杨宁，等. 家禽生产学［M］. 北京：中国农业出版社，2002.

［10］吴常信. 家禽研究最新进展——第十一次全国家禽讨论会论文集［M］. 长春：吉林科学技术出版社，2003.